生活轻哲学书系

阿兰·德波顿 主编

THE
SCHOOL
OF LIFE

HOW TO
DEAL WITH
ADVERSITY

挫折超图解

〔英〕克里斯托弗·汉密尔顿 著　童文煦 译

上海文艺出版社

图书在版编目(CIP)数据

挫折超图解/(英)克里斯托弗·汉密尔顿著;童文煦译. —上海:上海文艺出版社,2016
("生活轻哲学"书系)
ISBN 978-7-5321-6199-7

Ⅰ.①挫… Ⅱ.①克… ②童… Ⅲ.①挫折(心理学)
-通俗读物 Ⅳ.①B848.4-49

中国版本图书馆 CIP 数据核字(2016)第 252894 号

Christopher Hamilton
How to Deal with Adversity

Copyright © Christopher Hamilton,2014
This edition arranged with Macmillan Publishers Limited.
Through Andrew Nurnberg Associates International Limited.
Simplified Chinese Copyright © Shanghai 99 Readers' Culture Co., Ltd., 2016
All rights reserved.

著作权合同登记号 图字:09-2016-266

责任编辑:秦　静
选题策划:张玉贞
装帧设计:赵　瑾

挫折超图解
〔英〕克里斯托弗·汉密尔顿　著
童文煦　译
上海文艺出版社出版、发行
地址:上海绍兴路 74 号
电子信箱:cslcm@public1.sta.net.cn
网址:www.slcm.com
新华书店经销　山东德州新华印务有限责任公司印刷
开本 890×1240　1/32　印张 6　字数 90,000
2017 年 3 月第 1 版　2017 年 3 月第 1 次印刷
ISBN 978-7-5321-6199-7/C·56　定价:30.00 元

虽然那些安慰你的人所讲述的话让你获益匪浅，但不要相信他生活得无忧无虑。他的生活也一样充满艰辛和苦痛，可能比你尤甚。如果不是这样，他又如何能说出这些话呢？

——里尔克《给青年诗人的十封信》，1904 年 8 月 12 日

目录

引言：挫折的根源及本书概述　/　1

1. 矛盾：家庭中的挫折　/　17

2. 不被理解：爱情中的挫折　/　55

3. 衰弱：身体上的挫折　/　91

4. 消散：濒死的挫折　/　123

一些后续想法　/　163

作业　/　171

图片鸣谢　/　175

附录：中英文名称对照　/　176

Notes　/　183

引言：
挫折的根源及本书概述

每个人都知道生活中充满挫折：我们都以各种方式经历过损失、失败、失望、虚无感和痛苦。我们对这些感觉已习以为常，很少思考为什么会这样。但如果我们设法建设性地面对挫折、想想为什么我们的生活中充满挫折不失为一个很好的出发点。如果可以的话，我要说，生活中的挫折是无法避免的，无论我们做什么，都无法完全逃脱它。这并不是消极心态，恰恰相反，它具有巨大的解放效应，能让我们更现实地自我审视，并在此基础上，理解并应对我们在生活中所经历到的挫折。

有限的资源

我们非常幸运地生活在发达国家。从许多方面看，我们生活在一个物质丰富且机会众多的世界里。虽然我们组织运作中的可笑方式让资源的分配远比理想状态来得不平均，但通常情况下，我们不需要担心缺衣少食、缺医少药或没有机会获得教育。尽管如此，我们不是生活在一个有无限资源的世界，通常情况下每个人都得通过与他人竞争以获得资源——既包括有形资源如收入和财产，也包括无形的资源，如名气、声望、地位等等。我们在职场或房地产市场上都看到这些竞争。另外，我们的身体很脆弱，很容易受伤害。我们都知道这些，却常常意识不到，因为和历史上其他时期相比，我们具有最好的医疗条件。但只要去你当地医院急诊处看一下，就会意识到人体有多脆弱了。

因为这些原因，我们很自然地为自己，也为我们所关心的人寻求最大的安全条件。尽管不同的个人对安全感的感受和侧重有所不同，我们都尽力在这方面努力让自己做得更好。我们对安全感的需要和追求注定与他人的冲突，因为我们所追寻的目标大体相似，而资源又是有限的。换句话说，我们注定要碰上挫折。

而且人类不仅仅在身体上脆弱，他们在心理上同样极其脆弱。这部分是缘于人类的希望和需求几乎是无限的，两者互相促进，同时又从周围世界不引言：
挫折的根源及本书概述

停获取——人们总是寻求更多——更多原本已经拥有的东西，或更多他们尚未获得的东西。我认为，之所以如此的原因深深地隐藏于人类心理的深处。在我看来，塞缪尔·约翰逊曾指出三大原因：想象力的饥渴、生命的空虚和对新奇事物的渴望是对此现象的精辟分析。

想象力的饥渴

约翰逊指出，人类，并不是外界信息的被动接受者。他们并不总是对外面发生事情进行中立地记录。相反，他们是一种具有主动力量的生命，充满力量、热情饱满、永不停歇，就像一种无法驾驭或者说破坏力极强的生物。他们无法忍受限制和约束，永远寻求自身的扩张。他们更多地生活在过去和未来，不停地回顾过去并依照未来的计划、目标和雄心推进自己。简而言之，如同饥饿感。

这种饥饿感被想象力表达出来。因为我们是具有想象力的生物，我们可以为未来编织想法和画面、作出规划、开始改变，等等。**我们可以看到事情会变得不同**，因为饥饿感，我们努力让事情符合我们的想象：可以是我们想购买什么东西、去某处旅行、

3

访问一个朋友、学习新东西、改变职业，等等，不一而足。但因为我们的想象力如此饥渴，我们即便实现了目标，我们依然感到饥饿：我们要更多同样的东西，或不同的东西——或，更可能是，两者都要。这就是为什么柏拉图把人类看作漏底的水桶：倒水进去，水不会将桶装满，而是从底下迅速流走。我们永远不会被"装满"，或者不会在长过瞬间的时间内被持续装满。其他思想家跟随柏拉图的脚步，用不同的比喻，把我们看作欲望的跑步机，永远转动不停。

当然，这一切也有正面效应：我们可以以其他动物所没有的方式塑造我们的未来，面对各种困难和挑战时以各种方式获得安全感。但想象力的饥渴也带来了讨厌的一面，因为欲望的经验总伴随着伤害：我们**有欲望**，但我们也**被欲望所控制**，它们会以各种方式牵引和诱惑我们，有时候显得那么不可理喻。它们是我们的一部分；我们又是它们的一部分。

而且，想象力的饥渴是很多负面感情和倾向的源头。想象力是我们将自己与他人进行对比的根源。当我们进行这样的对比时，总是认为别人拥有一些自己所没有的东西。妒忌或者贪婪之类的负面情感由此而生，这些情感本身就令人不快，更可怕的是它们往往还会引起与他人的冲突。

生命的空虚

因为人类与生俱来的饥饿感，他们对自身的存在会体验到一种空虚感——就像他们在饥饿时感到自己腹中空空如也一样。约翰逊称此为"生命的空虚"。当然，不同的个体在心理上对这种感受各不相同，应对方法也不一样，但我们每个人都或多或少对此感到不安，一直努力寻求某些东西来填充我们的生命。法国哲学家布莱斯·帕斯卡曾经指出，人生之悲惨在于人们不愿意安静地独处于房间里。如果人们真的独处于房间，他们将强烈地感受到生命的虚无，觉得自己就像一个空空的容器，无法忍受这种自身的空洞。因此，我们不停地寻求外界分散我们的注意力。我们需要填满我们的时间。从一个很悲观的角度来看，所有人类的行为——包括帕斯卡的——都是某种形式的注意力分散，以使自己不再感到空虚的一种努力。即便我们不这么极端地看问题，我们也无法否认至少大多数人类行为缘于帕斯卡意义上的某种注意力分散。

在当今，这种自我注意力分散的最好例子可能要算我们对各种技术的应用了——电视、电影、网络、手机等等。虽然在很多情况下，它们的确有用，但这些东西的真正用处在于其巨大的分散注意力效果。它们填满了我们原本空虚的时间——以及我们自己的空虚感——也让它们自己成为终点。从另一个角度来说，这些技术极具致瘾性。例如，我在我的学生身上就能看到，课程一结束，他们就迫不及待地拿出手机看有没有短信和电话。这些技术让他们感到自己永远不会孤独，永远不用面对自己的空虚，然而，在很大程度上这种充实感只是一种幻觉。

不管怎样，我们以各种方式分散自己的注意力，有些方式可能成为现代社会问题的病症——酒精和毒品成瘾、赌博、肥胖、色情产品等等——这些都是我们为了摆脱自身空虚感而作的实实在在的努力。

换一种方式来说，这个世界对我们是如此冷漠，对某些东西上瘾是为了从外部世界中夺取些什么，让它能对自己有所反应，让它对我们的存在不再无动于衷。这就是为什么那些真正的瘾君子，在自己的愿望获得满足时，会觉得自己拥有了整个世界。

然而，这个时刻过去后，他们会更痛切地感受到世界的冷漠——又再次勾起他们的瘾头。我们不是瘾君子。但人类是具有上瘾倾向的生物。这是他们需要以分散注意力的方式充实自己的一种表现。

我们都需要为我们的时间**做**点什么，人生很大的一个问题就是找到有意义的事情来做——那些不仅仅是为了耗费能量而做的事情，而是具有建设性，能让我们人生更深刻更丰富的事情。如果你有花几小时在网络上浏览，而并没有意识到自己在做什么的经验——最后你可能都不记得自己看到了些什么，或诚实地说，也没发现什么可以值得自己思考的东西——这就是我所描述的东西。这也是帕斯卡所要表达的人类对分散注意力的需求的意思。

对新奇事物的渴望

因为我们渴望填满自己，从心理和精神上来说，人类心理上最大的苦痛之一就是无聊。无聊，至少在一种形式上，呈现出一种无法忍受的空虚；它是生命的空虚在心理上的表现。而我们摆脱无聊的方式之一是寻求新奇的东西。约翰逊指出，我们对新奇事物有一种上了瘾的渴望。法国哲学家阿尔贝·加缪说人类可以习惯于任何东西。他可能是对的。但同样正确并广为接受的观点是我们会对任何我们一开始大为欢迎的东西感到厌烦。在我们这个时代，最能表现该观念的地方是消费者市场，那些购买并不是为了取代已经用坏或无法使用的产品，而只是我们对拥有的东西已经如此熟悉——换句话说，我们对它们感到厌倦了。"时尚"这一词汇的发明只是我们为了让自己在生活上的这一缺陷显得更为正当而已。

心理混乱

综上所述，人类在内心深处无论对自己还是对他人都有极强的冲突。我所作的各种描述都反映出这种心理上的混乱。这种混乱产生了对内和对外的冲突——也就是，**个体内**和**个体间**冲突。因为空虚感带来的痛苦，我们在寻求自我痛苦解脱时无可避免地会与他人产生冲突。

这不是我的新发现，在人类开始思考以试图了解自己以来就已经被无数次地表述过了。那些伟大的宗教将人类的这种特点深深地植入其中，寻求能让其信徒正确应对并理解这些苦痛的方式。例如，佛教强调以冥思技巧充实我们的头脑,学会接受并拥抱处于人类体验中心地位的空虚。基督教,给了我所描述的情形一个"原罪"的名字,将祈祷作为最好的方式,能达到"纯化"的效果,并认为人类只有在死后进入上帝应许的天堂才能获得真正的平静,而在现实世界上,我们看到的只是对此的暗示。现代社会中许多人在精神感到不安的一个重要原因就是他们不再真正相信这些宗教所提供他们的解决方案——这也是德国哲学家尼采在其所称的"上帝死了"中要表达的一部分内容——然而这些宗教所针对和解决的精神需求却并没有随着宗教的式微而消失。

与实体的不和

因为人们了解到自己在心理上的混乱状态,他们设计了种种方式试图摆脱这种状态。他们发明了各种想法来提升自己,基督教曾经是一种重要的方法,尤其在西方——对于许多人来说,现在依然如此——但对于同样很多人来说,已经不再可信。还有很多其他办法,个人的、种族的、政治上的、美学上的,不一而足。在理想状态里,这些方法的关键都在于**现实**世界与**理想**世界的差别。因为我们是现实世界的一部分，我们不禁要自我发问：我们是现实中的我们，但我们都想成为理想中的我们，无论那种理想中的我们被想象成怎样。

然而这就意味着**我们想逃脱我们的现实而提升自己**。我们可以这么说：人类本能中就有摆脱自身现状，期望成为另一个自我的需求。并不是说每一个个体在任何时候都有如此想法，只是它是我们自身所具备的基本功能，或者是我们的实体本源：我们就是这样的生物。

我们与自己作战，这是将我们与其他动物区别开来的东西之一，也是为什么有时候我们羡慕它们可以简单而无忧地生活在世界上的原因。在传统上，我所表述的论点被表述成：人类既不是野兽，也不是天使，野兽或天使都满足于自我的生活，而我们不是。**我们与自身实体不和**。我们不能安于现实。在我看来，这个特点在很大程度上解释了人类历史为什么会充满了人类加诸于自身和他人的如此残酷和丑陋的苦痛：我们在自己悲惨的迷惑中四处出击，撞得头破血流。我们想摆脱自己的现状，想找到一些固定的东西去依靠，为自己创造一些稳定的东西以满足自己的需求，我们寻求战胜自己和他人、控制事物，在这过程中，我们不可避免地把事情弄得更糟。

你或许会说，好吧，既然是人类本性要求逃脱人类自身，而这又是给我们带来挫折的本源，那显然我们所要做的就是停止抗争，谦卑地接受我们自己。然而，这招行不通，因为显然，接受我们自己也就包括了接受我们需要逃脱自己的本性。所以，两种方式都不能令人满意：如果你接受自己，你就接受了自己想从现实中逃脱的想法，因此以行动逃离；如果你不接受你的现状，同样，你也会寻求摆脱自己。无论如何，你都陷在这个悖论中，没救了。

如我所说，每个个人与自身实体的不和的表现形式和程度各不相同，但没有人可以完全摆脱它们。只有当他或她完全满足于现状，而对事情应该是怎样毫无意识的人才能完全摆脱这种实体不和。但没有人可以做到这一点。没有人认为我们的现状是完美，只有一个完全没有欲望的人才能做到这样——但这样他或她也就和死人一样了。

机遇

我已经阐述了这么多的观点，换一种方式表达就是我们的生活在很大程度上不受我们自己控制，只是基于机遇而不是我们的选择。我们的出生并非出于自己的选择，甚至生于何时何地、有怎样的父母、母语是什么等亦非我们自己的选择。也没有人可以选择自己的心理倾向或早年经历。当一个人年龄到了可以作关于自身心理的思考并寻求影响或改变时，他或她的心理模式却已基本成型。更为甚者，我们经历的一生中发生在我们身边的各种事情，大多数是机遇——例如我们遇见了某个特别的人，或经历某种特殊的疾病或苦难。因为我们之所以成为我们及我们所经历的各种经历大多来源于机遇，我们面对世界时实在是弱不禁风，暴露于各种可能对我们造成伤害的危险之中。这是另一种表达我们是身体、心理和本源上脆弱的生物的方式。实际上，我们可能也是因在各种方式上感到自身生活不受我们自己控制才迫切地感觉到自己的脆弱。

挫折

德国哲学家海德格尔以"我们是被**抛入**这个世界的——永远无法完全地立足"表述了这种想法。一种更平白的说法是，我们的反思向我们显示，人类生活中的挫折将无法避免，也不可能完全逃离。这并不意味着我们不能设计一些策略减少挫折或更好地面对挫折。但这的确意味着，如果你真的打算更好地面对挫折，第一件你需要做的事就是接受你的生活中不可能完全没有挫折。换句话说，你必须现实些。这不是出于绝望的忠告，相反，现实地面对事物是改变它们的第一步，而且，虽然我们永远没法将世界完全改变成我们所希望的样子，我们总是可以让它改善一些。

本书

这就是本书的介绍了。我探索了我们生活中常遇到挫折的四个方面，试图展现我们应如何以更具建设性的方式应对来自于我们存在的这四个方面的挫折：

• **家庭**。我在这方面更注重如何从孩子的角度看待父母的行为。

• **爱情**。在这里，我注重在关于爱的不同方式之中，挑选浪漫关系，即爱情进行分析。

• **疾病**。在这个领域，我更侧重生理，而非心理上的疾病。

- **死亡**。本章主要探索我们对走向死亡的过程和死亡本身的恐惧感。

显而易见，我可以采用其他方式，如在家庭方面，我可以探讨以父母的眼光看孩子，或讨论兄弟姐妹间的关系和竞争。同样，我也未触及死亡中的某些方面，如怎样对待亲人的死亡，等等。但我的目标是在每个领域提供一个主要例子，以提供足够的细节，进行真实而深入的分析。在整个过程中，我借助于先哲和思想家们来探索我们所研究的主题。我有多个理由如此行文，其中最主要的原因是我相信通过观察他人是如何在他们的生活中应对挫折可以给我们如何战胜挫折提供最好的借鉴。当然，他人的经验无法替代我们对自己生活的反思，但无疑，其帮助作用之大是不言而喻的。

所以，我在本书中所能提供的是我在探索中提到的那些领域中的一些建议。我的目标是为你自己独立思考打开思路。我说的每件事都不是绝对的，你应该将我的观点结合你自己的经验、感情和思考进行试用。我希望，即使你拒绝我提出的某些建议，但通过思考你确定自己确实不能同意我的观点这一

引言：挫折的根源及本书概述

过程本身，就能帮助你更好地了解自己生活中所遇到的困境，以更具建设性的方式应对它们，并以更深刻的态度经历它们。

没有一本书可以期待所有人都成为它的读者——尼采在给他的《查拉图斯特拉如是说》起了个"一本给所有人又不给任何人看的书"的副标题时即以反讽的方式表达了这个意思。以本书为例，我希望我的读者能至少对我讨论的部分领域感兴趣，同样，对我在书中提到的那些个人——先哲和思想家们——感兴趣。这些人涵盖了古典思想家如塞内加和普鲁塔克，小说家如普鲁斯特和卡夫卡，以及当代作家如约翰·厄普代克。（我给出了所有引文的出处，但所有的翻译除非另有说明，都是我自己作的）。一般说来，我并不特别关注一名作者是归为哲学家、小说家或其他什么类别，只要他所言所写值得聆听就好。在试图了解我们自己的生活时我们应该随时获得帮助。

我将本书定位为**治疗性哲学或生活哲学**，因为我在本书中将抽象层面上的反思与具体案例分析相结合，为我们如何更具建设性地认识自己的生活提供素材。这就是为什么每章的标题同时指向抽象概

15

念和具体环境。在古代，哲学是作为治疗方式发展的。本书也试图将自己置于这一高贵的传统之下。

我认为，哲学是一种可以通过思考人类的处境而让我们更好地生活的一种方法。有时候人们会问：哲学有什么用？它是干什么的？我以为这是答案之一：我们在生活中都会经历挫折，方式或许不同，程度或许有异。无可避免地，我们会开始思考去试图理解这些挫折。"哲学"就是这种思考的一个名字，尤其是当它沿着某种方向以某种风格进行。就程度上来说，它是通常思维方式的延伸。在本书中，我希望给你们一些指点，让你们能自己将思考沿着这个方向发展。如果我成功地做到这点，这本书也就实现了它的目标。

Ambivalence; or, Adversity in the Family

1. 矛盾：家庭中的挫折

1. 矛盾：家庭中的挫折

在我们生活的时代中家有着重要的作用。可以说整个西方文化的中心是建立在充满情感的家庭这一概念之上的——两个个体因为爱情而结合在一起，以养育孩子表达并加深这种爱情。我们告诉自己，在稳定的家庭中，孩子有更好的机会获得他们幸福的一生，我们将夫妻双方携手共度人生起起落落不离不弃想象为最理想的画面。在共度一个美好的周日后一对老夫妻站在门廊上挥手与他们的儿辈与孙辈道别是我们脑海中最熟悉和温馨的画面。没有哪个政治家可以公开批评家庭组织而不被批得体无完肤。那些支持同性恋夫妇抚养孩子或赞同维护单亲家庭权利的政治家在表达自己政见时总不忘加一句这些是另一种新的家庭形式。

然而，人所共知，在现实生活中一切并不像那幅标准的家庭图像那么干净漂亮。家庭远不总是如我们所希望的那样平静和安全，以哺育我们成长。它常常展现冲突，甚至暴力，很大一部分家庭甚至令人害怕和痛苦，留下持续一生的心理创伤。我们都必须学会与此共处，甚至从中获益。本章将致力于探寻我们如何可以达到此目标。我主要从孩子的角度来分析其与父母的关系。

快乐和不快乐的家庭

法国哲学家阿兰（原名埃米尔-奥古斯特·沙尔捷）在他的《关于幸福的思考》中告诉我们，世上有两种人，一种总想让别人闭嘴，另一种习惯于他人唠叨。两者都喜欢寻找同类，因此，就产生了两种不同类型的家庭。

存在着这样一些家庭，成员们默契地遵循这一原则：如果其中一个成员对某事感到不快，所有其他成员也应远离此事。或许，某人不喜花香，另一人不喜欢噪音；一位觉得晚上应该保持安静，另一位却觉得早晨才不该喧哗；有人不想听别人提起宗教话题，而另一个无法忍受政治话题。每个人都意识到他们都有"否决"权，每个人都专制地行使这项权力……这样形成了令人不安的和平与紧张的幸福感。另外有些家庭把每个人的念头都看作是神圣而值得尊重的，没有人意识到自己的喜好可能会令别人受扰……这些都是自我主义者。（*Propos sur le bonheur*: 83-4）

1. 矛盾：家庭中的挫折

我们都知道阿兰所描述的景象，我们甚至可以在托尔斯泰的《安娜·卡列尼娜》中著名的开篇首句"幸福的家庭往往是相似的，而不幸的家庭各有各的不幸"中找到共鸣。这句话表达了很多种意思，其中一种是对于幸福的家庭可能没有太多可说的——但对不幸的家庭则可以滔滔不绝。埃德蒙·高息关于他的童年和他父亲关系的故事也展现了这种描述：在《父与子》中，他回忆了很多他与他父亲关系上的问题，他的父亲压制性地以非宽容和教条的宗教观点控制他的成长。但他告诉我们，有一次，他和表兄弟的家庭度过了一段时光，感觉到平静和快乐。然而他却想不起给他平静和快乐的那段和亲戚共度的时光里自己到底做了些什么。

> 这次去我表亲家的一长段时光……无疑是令人快乐的：我依稀地记得这种快乐，但想不起几件具体的事情。我的记忆，对于更早的独处时段是如此鲜明和生动，但对这段与人共处的经历却显得依稀和模糊……关于这个小小的可以透口气的空间我没有什么可以多说的……这

> 是我童年生活中的一段健康而快乐的短短插曲，我那历经磨砺的灵魂得以经历没有历史的那短短一刻。(Father and Son: 47)

当然，我们也常常会记得美好时光，但高息的观点提醒，我们通常我们并不会被愉悦和幸福所**困扰**，所以不会主动去反思幸福，当我们感到幸福时，我们常常沉浸在这种幸福感之中，当我们的愿望与现实一致时，我们的念头没有遇到阻碍也是一个原因。当幸福来临时，我们愉快地**接受**它，不会觉得有什么问题。因此，我们并不擅长区分不同种类的幸福家庭。然而，阿兰很容易就区分出两种不同的不幸家庭，并剖析了两者不幸的根源之一在于生活得过于**极端**。他告诉我们在家庭里——其实别处也一样——寻求平静就像杂技演员学习走钢丝，巧妙地平衡自己，不仅不掉下来，更要以一种优雅的姿势保持平衡。

平衡表演

在普鲁斯特《追忆似水年华》第一卷中，讲述者马塞尔

1. 矛盾：家庭中的挫折

描述了他年轻时的一个夜晚所经历的片刻，一个场景，正好可以告诉我们关于家庭生活——以及为什么获得那种优雅的平衡会那么困难。

马塞尔的母亲有每晚到他卧室说晚安并给他一个吻的习惯。然而，在那个特定的夜晚，马塞尔父母的朋友M·斯万与他们家一起晚餐，马塞尔在大人们开始进餐前就已被送入卧室，就在他要吻他母亲时，进餐的铃声响了，那个接吻没有进行。马塞尔躺在床上，辗转反侧。他想出一个办法，让他的女仆弗兰西斯带个便条下楼去把母亲叫上来。他告诉弗兰西斯他母亲要他找一个东西，并写条子告诉她——他不想坦承自己写便条的真正原因。弗兰西斯可能并不信服，但还是递了便条。马塞尔的母亲回话说"无话可说"。陷入绝望的马塞尔决定在他房间里醒着不睡，等他母亲上床睡觉时拦住她问个清楚。

夜晚结束时他听到了斯万离开，接着他又听到他母亲上楼来，于是他走出房间迎接她。她见到他非常吃惊——气不打一处来。他乞求她进房和自己道晚安，但她却回答："快回去，别让你父亲看到你这么晚还不睡，以为你发了疯。"马塞

/ 在针对家庭关系的态度方面我们可以从走钢丝者的优雅与平衡中获益匪浅。

尔和他母亲都知道他父亲肯定觉得他儿子的表现娇弱而放肆。但太晚了，马塞尔的父亲已经上了楼梯，看到了这一幕。但出乎两人意料，父亲看到马塞尔忧心忡忡，居然让夫人跟着儿子去，还让她在儿子房里给自己支一张床，陪伴一夜。她反对，不想让马塞尔养成过分敏感的习惯——父母双方都明白，像马塞尔这样对这类事如此敏感对他的未来没有什么好处。但她还是在房间里架了床。

"我应该感到开心，但我没有。"马塞尔写道，他继续写着：

> 在我看来，我母亲只是第一次向我让步，她肯定为此感到痛苦，第一次，她不得不放弃她为我设计的理想计划，而且尽管她是个勇敢无畏的人，这次却承认了失败。在我看来，如果说我得胜了，那也只是战胜了她，我也只是依靠我的疾病、悲伤或年纪而已——让她放松了自己的原则、放弃了原本的判断——这个夜晚只是一个新时代的开启，至今仍让人感到是个悲哀的日子。(*À la recherche du temps perdu I*: *Du côté de chez Swann*: 38)

我认为，我们可以从中学到两个主要方面。第一是马塞尔完全感受到，第一次完全感受到，他母亲是另外一个个体，有她自己的生活，她的意识中心和他自己的意识中心并不重合。她是他自己美好生活的源头和中心，那个错过的晚安之吻就是象征，以浓缩的形式表现出这种美好。但当她没有把自己全方位呈现给他，没有去他卧室见他时，马塞尔意识到这种美好并不在自己控制之中，可以在一瞬间从自己的生活中消失。不仅仅是她母亲没来看他让他不安，而是马塞尔突然意识到自己对这个滋养自己的世界的把握是如此脆弱让他沮丧。

第二件重要的事是当马塞尔得到自己想要的之后，并不快乐。他不快乐的原因是当他母亲来到身边之后，似乎变得与以往不同，是他**迫使**她来到自己身边。他要的是她主动来到自己身边，而不是出于自己的要求。他赢得了她的同时改变了她，不管多么微妙。马塞尔面对了一个割裂的世界，裂缝把他和自己的欲望隔开。我们通常认为再也没有什么比我们自己的欲望更能表现我们自己的了：例如，我要写这本书的欲望，在很大程度上表达出我是怎样的人——我难以想象没有自己不时出现的阅读、反思、学习、写作这些欲望,我的生活会是怎么样——我们都有作为我们个人自己典型的欲望模型。但马塞尔与自己的欲望分开了:他得到了自己所要的,却令他不快。

有些人可能会反驳说:马塞尔没有得到他所要的,因为他要的是他母亲像平时一样,没有改变地来到自己身边。但这种说法弄错了马塞尔的欲望。他的确得到了自己希望得到的,只是他并没有弄明白自己到底要什么。我们的欲望常常如此:我们只有在欲望得到满足后,意识到自己真正想要的东西是什么,在欲望满足之前,我们并没有意识到我们将付出的代价。问题并不在于我们真的不想要那些我们憧憬的东西,而是我们没有真正了解我们欲望本身。当然,这并不否认一个人因为将来发现自己要的并不是这个东西,就不能享受那些已被满足了的欲望。但马塞尔的例子显然属于比较微妙的一种。

矛盾的感受

马塞尔发现欲望总是具有内在或潜在的**伤害性**。具体说来，他发现他对他母亲的欲望就有伤害性。奥地利精神分析学家梅兰妮·克莱茵或许会这样描述**矛盾**：马塞尔发现的是自己在美好善意的源头——他母亲—那里感受到了敌意，因为那个源头可以被收回。他必须学会忍受那些生活中的美好独立于自己而存在，而且他必须学会忍受自己对于善意的源头的矛盾感受。在克莱因看来，成长的过程在很大程度上就是学会如何调节这种在成长过程中意识到的并因之产生矛盾的心理过程。

马塞尔的问题部分在于，他将他母亲看成"**有限制的**"。根据弗洛伊德理论，他在简短却有力的论文《家庭罗曼史》中阐述，这是儿童成长中感受到的最为痛苦的时刻之一。克莱因也在他的一系列著作中同意这种看法。弗洛伊德认为，孩子一开始相信其父母是"他唯一的权威和信仰来源，然而，"他接着写道：

> 当孩子智力成长时，他不可避免地逐渐意识到自己父母的正确归属。他会接触其他孩子的父母并与自己的作比较，因此有理由怀疑自己曾经投向父母的无与伦比

和独一无二的地位。孩子生活中的一些让他产生不满情绪的小事给了自己一个批评父母的机会,而此时他具有的'别人的父母在许多方面胜过自己的父母'的意识支持了自己的批判态度……产生这种反应的理由显然是他感到自己被忽视。孩子被忽视,或至少他自己感觉被忽视的情形实在太多了,他感觉到自己不再完全拥有父母的爱……("Der Familienroman der Neurotiker": 227-228)

这段描述完全适用于马塞尔的例子。

就算我们不完全接受这些解释,从弗洛伊德到克莱因,他们至少指出了一个事实:我们都与马塞尔相似。换句话说,除去可能有的少数例外,我们大多数都期待我们的母亲——或,更广泛一点,我们的父母,如果有的话,还包括兄弟姐妹;总之,我们的家庭——给我们那种马塞尔在那个失去的晚安之吻中所痛苦地寄予的爱和善意。我们父母和兄弟姐妹最终无可避免地无法提供这种爱和善待让我们对家庭的感觉增添了紧张和痛苦,虽然事实上家庭还是温暖和安全的所在。

这种挫折是无法避免的，因为，如同乔治·艾略特所写："我们每个人生来都无羞无耻，把世界当作只供我们享用的乳房。"（*Middlemarch*：243）家庭是我们意识到原来周围的世界独立于我们存在的第一个场所。当我们意识到别人给了我们善意，但又可以随时将其收回——有意或无意——我们也就认识到自己不是世界的中心，自我必须接受匮乏，而这将成为我们自身存在的本质。家庭，看上去承载了我们太多希望，但最后却将其一一拒绝，成为了这个痛苦转变发生之处。

傻瓜和小丑

这些反思告诉我们的真相是我们从未长大。我们永远具有滑落回像没有从他父母那里得到自己想要的东西时的孩子跺脚生气的行为模式的倾向。

我最近在火车站看到一对吵架的夫妇，再一次提醒了我这种看法。他们隔着铁轨，站在不同的月台，互相叫嚷，显然都对对方怒气冲冲，终于，她离他而去，走下月台："我再也不会理你！"是她的最后一句话。他尾随她而去，继续冲她叫嚷。我记起自己小时候，也会这样离开母亲，一边咒骂她，一边又需要她随我而来。我在这对夫妇身上看到了一个孩子对他父母的反应。我们都会，在某个时刻，成为那对夫妇中的一个，决然离开，或站着看着对方离去，知道自己的行为多么可笑，却无能为力。或许这就是重点：我们不应该忘记自己的可笑。

我们应该记得自己多么荒唐，因为只有如此我们才能在这种回归孩童的时刻保持清醒。我们应该尝试对自己的荒唐一笑而过——这样或许可以解除那些具有爆炸性的威胁，如那对夫妇在月台的表现。由着性子胡来不会解决任何问题。我们总是在内心隐秘地觉得自己是自身冲突里的悲剧英雄，但把你自己想成小丑试试，或许你会发现这能帮助自己在期望从他人那里获得的东西和实际得到的东西之间达到一个更好的平衡。

摆脱负罪感

那些最后感动并决定写一写他们父母的往往表达出一种深深的损失，或苦痛——卡夫卡在他那封未发出的《给父亲的信》(最近又有译名为《最亲爱的父亲》)，称自己被"内在地伤害"。卡夫卡在记录他"最年幼时"的一个时刻时用了这句话。他写道：

> 我整个夜晚都在不停地哼哼要水喝，当然不是因为口渴，可能部分是为了找茬，部分是为了自己开心。当你发出几次威胁而我毫无回应后，你把我从床上拎起来，把我拖到阳台，让我一个人站在那里，只穿着衬衣，面对关上的房门。我不是说这样做不对，可能在当时，这是在夜里获得平静的唯一办法。但我还是想用回忆这件事来形容你抚养我的方式，以及它带给我的影响。在那之后，我的确变得很听话，但它让我内在很受伤。以我的性格，我无法将自己虽然毫无意义地哭闹要水喝，但也不失正常的行为与随之而来的被置于室外的极端恐惧相调和。在随后的好多年里，我依然对此感到恐惧，害怕巨人般的、最高权威的父亲随时会在晚上出现，以任何理由将我从床上拎起，赶我到阳台——在他眼里，我一无是处。（*Brief an den Vater*: 10）

1. 矛盾：家庭中的挫折

卡夫卡的父亲，赫尔曼·卡夫卡，是一个身形巨大的人，他有说一不二的脾气。高度敏感的孩子面对他父亲威胁式的举止精神上受到巨大压力——卡夫卡的信是关于刚才所引用的这类事件的痛苦记录。但不同寻常的是卡夫卡大费力气为其父亲开脱——看看他用几乎夸张的笔触坚持他父亲面对一个在夜晚哭闹的孩子所作所为可能并没错。这也是他在信里的主要态度——在生活中也如此——甘心忍受他的父亲。

卡夫卡描述了自己所认为的自己父亲对他们父子关系的看法，他列举了他自己做成的或没能做成的事，以及自己个性、性格中那些他确信让父亲失望、受伤或生气的东西。他相信他父亲视自己冷漠、疏远和不知感恩。而且，他还写道，他父亲认为这一切都是儿子的错——都是他的错。卡夫卡接着写道：

> 我如此确信，你通常对事物的看法都是对的。我也认为，在我们关系疏远方面，你完全没做错什么。但我其实也没什么错。如果我能得到你对此的同意，那么——我不能说一个新的生命，因为我们都已经太老了——某种和平将成为可能。不是说你不能责怪我，但

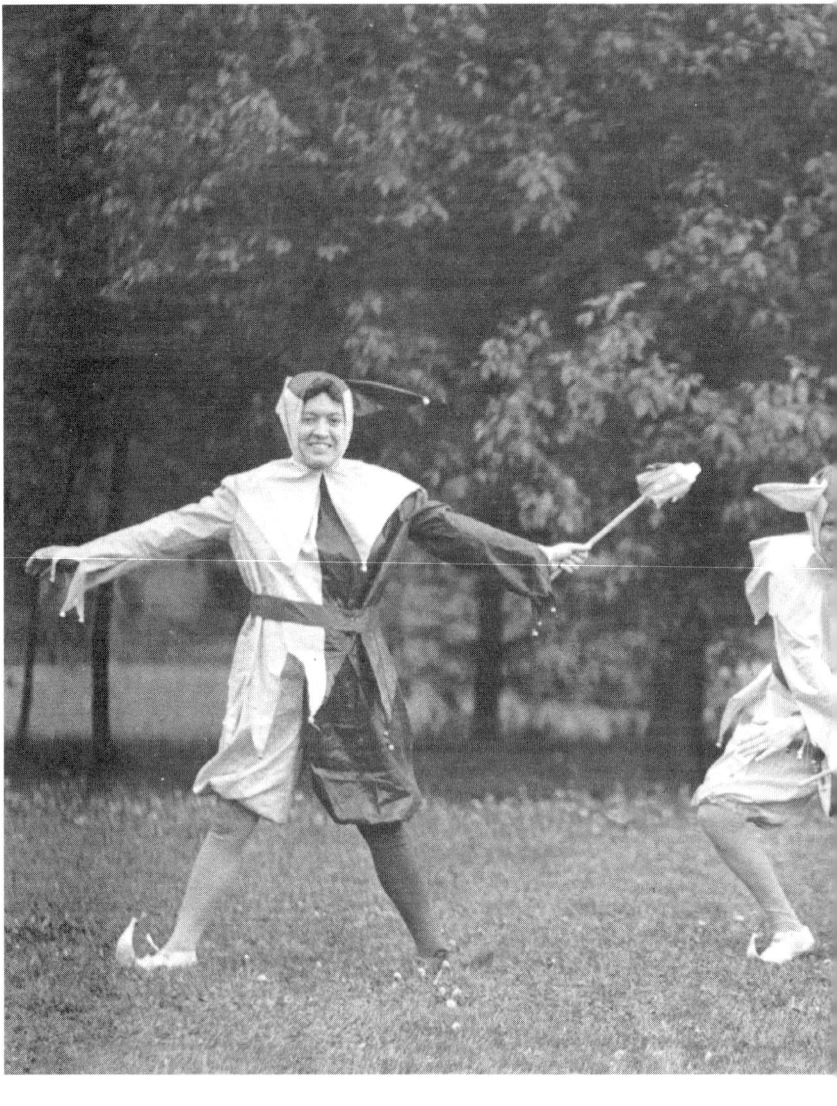

1. 矛盾：家庭中的挫折

/ 将自己想象成这样或许可以减少你生活里的挫折感。

最好以一种稍微柔和些的方式。(*Brief an den Vater*: 6)

后来,他又加上:"我不认为你有丝毫错误,你对我的影响是上天注定的。"(*Brief an den Vater*: 8)

总而言之,卡夫卡期望同时排除他自己和他父亲的负罪感。他希望通过让他父亲看到他俩之间的过往是天然注定的——天性的不同——他俩各自性格不同造成的。

化学反应

意籍犹太作家普里莫·莱维的作品中暗示了一种想法能帮助我们更清晰地了解这个问题,并理解为什么卡夫卡的做法是积极有效的。

莱维是个化学家,在1944年2月被关入奥斯威辛集中营,直到1945年1月。很大程度上,他能幸存下来,得益于他是个化学家。最明显的理由当然是因为他的专业,他被置于集中营里的实验室工作——纳粹需要他的学识——这意味着他获得了一个暂时摆脱繁重劳动和恶劣气候的庇护所。但第二个,更微妙的原因,对他的益处可能同样重要。

因为他是个化学家,莱维对于用各种元素和化合物做实验并观察各自反应并不陌生。几乎所有其他人都没意识到这种原本应该很显然的想象力的联想,莱维将其他人,乃至整个集中营看作一个巨大的化学反应并对其进行观察。他将其视为一个用来观察在集中营条件下不同个体之间会发生什么反应的巨大实验。把人类个体看成具有某种特殊性质的化学元素是一种很有益的想法。每个人(化学元素)都依据各自性质以某种方式与他人(其他化学元素)产生反应。

因为钾元素暴露在空气或水中会剧烈反应,钾必须以隔绝空气和水的方法储存。我们也可以想象每个人都依据他自身性格在暴露在其他个人(或情景)之下时会不可避免地作出某种相应反应。

卡夫卡说他父亲对自己的影响是无可避免的,我们可以看到他表达了莱维关于个体观察同样的意思——也就是他们就像化学元素一样。事实上,卡夫卡也希望我们如此感受,因为他也用我们或许可以称为**物质化**的方式看待自己和他的妹妹——得自于他们父亲赫尔曼·卡夫卡和母亲茱莉亚·洛维的混合体。他描述自己,弗兰兹·卡夫卡是"带有一点卡夫卡基础上的洛维",而他妹妹瓦利"身上几乎不带什么卡夫卡"。赫尔曼是个白手起家的商人,靠自身努力摆脱了一穷二白的出身,就如卡夫卡的朋友雨果·伯格曼所说"在他的生意里非常脚踏实地"。卡夫卡自己也说,自己的父亲属于那种看重"力量、健康、食欲、坚定有力的嗓音、口才、自信、超越凡世、毅力、专注和对人类的了解"(*Brief an den Vater*:7; 30; 71; 7)。赫尔曼可以说是弗兰兹完全的反面。弗兰兹·卡夫卡身体柔弱、情感和智力敏感、谨慎、胆怯、多疑、极度不自信。所以两种如此不同的元素碰到一起产生爆炸性的结果一点都不奇怪。

以这种方式看待问题的巨大价值在于它摆脱了负罪感的纠缠。责怪某种元素因其固有的特性而与其他元素的反应是没有意义的。如果我们以这种态度看待人类,我们可能更容易地以本来面目接受他人,把他们对我们的反应视作只是他们本性的自然表现。这就是卡夫卡对他父亲的态度。如果他对他儿子产生的影响因双方不同本性而的确无可避免,就这种情形怪罪双方中的任何一个都没有意义,双方中的任一方也没必要为此感觉负疚。

1. 矛盾：家庭中的挫折

/ 在人际关系方面，化学家们可以给我们很好的指导。

当然，有些情况不适用这个模型。例如，我们不能用这种方式来看待罪犯，与家庭内部行为相比其罪行与后果具有更非个人化的一面。但在家庭内部，我认为这种思维方式很有帮助。毕竟，个人的性格基本上是定型不变的，我们已经讨论过个人的性格形成往往更多地源于偶然——取决于他或她生来是个怎样的人：带有怎样的自然能力、天资、倾向和外界对其所施加的影响。如果，能像卡夫卡所做的那样，把家庭里那些让自己觉得失望——或那些非常喜爱——的人，看成只是他们自然的体现，依靠自然给他们的指导对外界作出反应，我们可能不会觉得那么失望，或不那么依赖于他们，因为我们了解他们只是无法为我们再提供更多而已。这是一种改善，或许会引往一个更和谐平静的家庭关系。卡夫卡知道没有可能改变他的父亲，事实上，试图改变他是天方夜谭：他就是他，事实如此。最好的做法就是接受作为他自己的他。

当然，以这种方式接受他人是非常困难的。但想想试图改变**自己**是多么不容易，这样或许能让第一个选项看上去变得容易一些。如果你接受改变自己是难事，那么试图改变他人的难以实现就不难理解了。当然，在某些时候、某些方面，一个人可以改变自己，可是这需要很多艰苦努力，不可能一蹴而就。如果你接受这个现实，你应该可以看到试图改变他人没有什么意义。他们自己有可能都不想作出改变！在这种情况下，你最好就是尝试接受作为他们自己的他们。如我所说，这很难，但至少这是你所能控制的事情，而你无法控制他人的转变，从这个意义上说，接受他人是一个合理的追求目标。

逃离

当然，卡夫卡也希望他父亲从自己的角度看问题——不再要求自己，弗兰兹·卡夫卡去改变。而他父亲能不能做到这一点，从现在讨论的观点看，取决于他父亲是不是恰好属于那种具有这种灵活性的化学元素。他不是。在这种时候应该怎么办呢？心理学家德罗西·洛伊在一本提到自己姐姐抑郁症的书中时提出了一种可能的方案。洛伊说每次与她姐姐联系后，都会想起自己悲惨的童年，因为这会让她想起那些日子"每一天都在与因被忽视的童年而引起的慢性疾病中挣扎"。(*Depression: the Way Out of Your Prison*: 96)在这里，她试图减少联系她姐姐来减少她姐姐对她的影响。洛伊借用佛教修行时的术语，将其视为放弃，她认为这也是宽恕的一种——当然，与通常（常常也是不现实的）意义上的那种温情脉脉地宽恕那些伤害过我们的人不完全一样。

我觉得，洛伊的做法本质上很人道，也很坦率。如果无法避免被某人伤害，那最好的做法就是减少与他的接触。虽然显而易见，但也很难，因为家庭对成员出现的要求是如此迫切。各种文化、社会和心理压力要求我们与家庭成员关系融洽——而且家庭本身也会给我们施加压力，好像我们自己给自己加的压力还不够大似的。但如果如洛伊所描述的情形一样，某个家庭成员总是对我们造成伤害，而我们又诚实地相信双方都没有什么切实有效的办法改变这种局面，那减少或断绝往来或许是一个最好的选择。没有人会觉得这个方法好；但这是两害相权取其轻。"我们所能做到的不都是在最差情境下的最好结果吗？"如艾略特在他的戏剧中借角色哈考特-赖利口中所说。（*The Cocktail Party*：124）

废墟中掘金

卡夫卡并没有解决与他父亲的纠葛。他的信从未发出，我们也不知道如果发出的话会对赫尔曼·卡夫卡产生什么影响,可能是无法理解。但明显的是卡夫卡觉得自己父亲在自己成长过程中对自己造成了永久的伤害。在那封信中,他告诉我们他竭力摆脱父亲对自己的影响,却无法成功。例如,他几次试图结婚却不能,他觉得这些都归罪于父亲:父亲对自己的影响让他每次都从订婚中逃走。他说,结婚会使自己成为像父亲一样的一家之主。但这种结合也应该可以让他,卡夫卡成为一个"自由、感恩、天真、正直的儿子"和他的父亲成为"安详、不专制、具同情心、满足的父亲",但要实现这一切,"那些已经发生的事必须重来,也就是,我们得彼此抵消。"(*Brief an den Vater*:55)那,自然是不可能的。

那种被父母永久伤害的感觉是很普遍的。在自传体小说《告别》中,德国作家彼得·韦斯告诉我们他的家庭"在我们说起生活时,我们不得不悲伤和压抑。生活意味着沉重、努力、责任"。(*Abschied von den Eltern*:57)他告诉我们在自己还是孩童时,有两次遇见他父母的朋友弗里茨·W,后者对生活的态度与他家截然不同,这在他身上留下了明显的印

记。和弗里茨在一起时,韦斯感觉到自己被解放了,感到放松。韦斯这样描述自己与弗里茨的两次会面:

> 这是我孩提时代的高潮,他们向我展示我的生活,如果换一种环境,将会有多么不同,他们展示给我看我身上从未发掘过的快乐因子,那些快乐因子依然存在于我的身上,只是被厚厚的痛苦所掩盖。(Abschied von den Eltern: 50)

或者,在伊塔洛·斯韦沃的黑色幽默小说《芝诺的告白》中,在关于自己父亲之死那章的最后,芝诺描写父亲如何从病床上站起来打他耳光,然后倒在地上死去。这个景象及其含义困扰了芝诺一生。这是为了对芝诺听从医生的建议将父亲禁锢在床上而表示反抗吗?它更可能是另一种反抗:"我们之间没什么相似之处,他曾告诉我,在这个世界上令他讨厌的人之中,我排在最前列。"以及"许多次,当我想起它,我都觉得奇怪,为什么我第一次意识到对自己和将来绝望的担忧,是在我父亲濒死的床边,而不是更早。"(La coscienza di Zeno: 28;

27）和卡夫卡与韦斯一样，他也终生没有摆脱这种伤害。

但卡夫卡、韦斯和芝诺可以教给我们一些东西，那就是他们将自己的痛苦传递到一种创造性的工作中去，因此让这些痛苦变得容易忍受一些。当然不错，或许你会觉得，但不是所有人都可以把痛苦转化成创造力。在某种意义上，你是对的：我们不可能都成为像卡夫卡那样伟大的作家，事实的确如此。但你感受到卡夫卡所感受到的同样痛苦，因此，你也可以写作，写下你的想法、你的感受，以日记的形式，信也行，给那个伤害你的人——你不需要将它寄出，那并不重要。这对我们非常有帮助，不是为了发表，甚至也不用与人分享，只是用来检查你自己的想法和感受，或检查你自己，这个过程可以让你和你自己以及你的生活之间形成一些距离。将你的经历以书面的形式和方式记录下来有助于你整理这些经验，让它变好，或变得容易面对。你也可以把自己想象成那位伤害你的人，给自己回信，想想他或她会如何回复。卡夫卡努力寻求站在他父亲的角度看待这些冲突，因为，这也能帮助他以更公正的立场组织他自己的经历。在这点上，你可以做卡夫卡同样的事。

交流困难

不管我们怎么看待卡夫卡和他父亲之间的关系，有一点是确定的，那就是赫尔曼从来没有作出认真努力与他儿子交流。在家庭中最痛苦的事情之一是无法下定决心向另一个家庭成员敞开心扉，这种沟通的愿望原本深切而实际，但总是没法付诸实施。韦斯就碰到过这样的情形，他这样描述自己的父亲对孩子的态度：

> 他总是避免与我们交谈，但当他离家在外时，他可能会感受到对我们的牵挂和想念，他的身边一直带着孩子的照片，他肯定在旅途中旅店里的夜晚看着这些磨损发皱的照片，他也肯定相信当自己回到家中时可以和孩子们建立一种互信的关系，但当他回家时，感受到的却又是失望，那种互相理解的愿望荡然无存。(*Abschied von den Eltern*: 9)

韦斯详细描述了一种场景，人们觉得自己尴尬、胆怯和封闭而无法与亲人交流,虽然没有任何明确的理由导致他们这样。这种现象再一次提醒我们对自己的了解是多么肤浅。毫无疑问,贪婪、嫉妒、愤怒和恐惧会导致人际关系崩溃;但令人吃惊的是那些双方都有良好意愿的人际关系也会崩塌。尤其在家庭内,如韦斯所描述,我们确实希望家庭成员间关系融洽,血缘在人际关系中起到很大作用,很少有人能接受他们可以面对家庭内部成员间紧张关系而无动于衷,因为他们相信血缘将自己与家庭联系在一起。在这个意义上,血缘实在是神秘、现实而有着精神意义的。

英国作家加布利尔·约斯泊维齐在他的小说《逆光》中描述了这种神秘感。这是一部艺术家皮埃尔·博纳尔和他妻子玛尔特在一个假想出来的女儿的眼中如何重建关系的虚构小说。小说的第一部分是已经成年并独自生活的女儿对自己母亲的长篇独白。她提到了对父母的一次看望,说自己有一种在家中毫无地位的感觉,她几乎不被父母注意到,父母间倒是亲密,但似乎从来不知道该如何对待女儿。因为感受到排斥,她表现得更为内向和孤僻。然而,可能实际情况并不是这样……可能实际上都是我自己的错。可能是我反应过头，这不过是个很普通的怨气……或者生活本身就是这样……我也不清楚。我们做了些什么，然后试图解释这些行为，但那些解释只是另一种行为，我们随后又对这种解释进行解释。（*Contre-Jour*: 42-3）

约斯泊维齐描写的正是我们经常不了解我们自己的行为，我们的想法和情感让我们无法捉摸，虽然在行动时，它们看上去那么清晰。就像我们同时在两个不同的世界里生活，一个在表面，我们可以解释自己在做什么——看望父母、寻求建立一种和谐的关系，或不管什么其他事——另一个是深层世界，我们不知道自己真正在做什么，或为什么这么做，因为我们不了解内心深处推动自己这么做的真正原因。那些真正的原因从我们的意识中逃离——可能会把我们真实的对他人——如父母的需要埋藏得更深。

抓住那些最难的事

我们可以利用这种神秘感。里尔克在他的《致一位青年

1. 矛盾：家庭中的挫折

诗人的信》中说："与人们通常想让我们相信的相反，许多事情并不容易被理解或表达；许多事情无法表达，其发生的领域没有任何语言可以描述。"（*Briefe an einen jungen Dichter*：13）这是他回答他那年轻的通信者弗兰兹·卡普斯的问题和困扰时的主题思想。

卡普斯希望里尔克对自己寄给他的一些诗提些建议，但实际上，甚至更重要的是，他也在寻求里尔克对自己人生上的建议，尤其是关于自己深切感受到的孤独。里尔克鼓励他不要与自己的不满情绪**对着干**：

> 我想请求你……以我最大的可能，尝试耐心对待你心中尚未解决的烦恼，喜爱那些问题本身，就像是对待那些上了锁的房间或是用一种奇怪语言写成的书籍。不要用心寻求那些你得不到的答案，因为你无法面对这些答案。事实上，生活就是经历各种事情。现在就**经历**你的这些问题吧。（*Briefe an einen jungen Dichter*：30-1）

里尔克认为卡普斯的孤独感具有巨大的潜力，因为他给了卡普斯一个发现自己的机会。

人们（在习俗的帮助下）已将所有东西弄得更容易，找到所有容易进行的事情中最容易的方面。但显然我们也必须抓住那些困难的事，所有的生命都如此，自然界中的一切以自己的方式生长和抵御一切改变自己的东西，不惜一切代价与外界限制抗争努力成为自己、保持自己。我们知道的不多，但我们知道必须抓住那些困难的东西是我们无法摆脱的命运。感受孤独是件好事，因为孤独感是一件让你感到困难的事。(*Briefe an einen jungen Dichter*: 49)

要紧的是，他建议卡普斯以孩子的方式看待事情：

沉入你自己，数个小时不见外人——这是你必须做到的。就像你还是孩子时那样孤独，那时候，那些大人们沉浸于他们认为伟大和重要的事情之中，因为孩子觉得大人看上去忙忙碌碌，而且没法理解那些大人们所做

1. 矛盾：家庭中的挫折

的事情。(*Briefe an einen jungen Dichter*：42)

里尔克认为这种状态，就像在他想象出来的小孩眼中，那些人们的行为看上去奇奇怪怪的时刻，是很有正面意义的，因为它带来了一种**脱离感**。

爱并欣赏世界

我们可以在家庭关系中试试这个。如果我们因某些家庭成员不能满足我们对他们的要求和需要而对他们感到沮丧或愤怒时，我们可能会觉得孤单。自然的天性让我们通过得到我们所要的东西来摆脱这种负面感受。里尔克建议，如果我们能让这种孤独感与我们共存，而不是挣扎着试图摆脱它带给我们的负担，我们将发现自己离心灵的安宁又近了一步。因为当我们试图摆脱这些让我们沮丧和愤怒的事物时，沮丧和愤怒反而会更剧烈地袭击我们。换句话说，接受作为那些因沮丧和愤怒而带来的孤独感反而可以帮助我们解脱那些负面感受。里尔克建议，我们必须培养孩童时的孤独感，虽然我们并**不理解**它。我们必须接受我们不能从他人处得到我们想要的东西的现实，里尔克让我们必须**生活**在家庭关系的神秘感之中，而不是试图摆脱它们。他这样告诫卡普斯：

> 父母和孩子之间的冲突本来就已激烈，没必要再火上浇油，它吞噬了太多能量，浪费了老人对孩子的爱，这种爱即便不被理解，依然温暖而影响深远。不要向他们寻求建议，然后觉得自己不被理解。相信爱，他们像保留给你的遗产那样保留着对你的爱，其间充满能量和祝福，你没必要为逃离这份爱，跑得很远！（*Briefe an einen jungen Dichter*: 35-6）

你或许觉得里尔克的建议，如果爱还在，不论多么艰难，还是可以理解的。但如果连爱都没有了呢？我认为，虽然可以理解，这种提问还是误解了里尔克的意思。他所指的爱未必一定是父母对孩子的爱。当里尔克谈到相信那种像遗产似的爱时，我认为他是让我们相信那种我们可以接受这种爱、让我们接受孤独和家庭关系的神秘，以此为养分，与我们的疑惑一起生活。这是他为什么一次又一次地建议卡普斯注意这个世界上发生的事情——夜晚的星空、风、树和动物。**此处**,他说,才是与事物联系最紧密的地方,是世界上万物之爱的源头。

他的论点是如果这个世界向我们提供了各种东西,值得我们去爱,那要首先归功于我们的父母给了我们这个机会。他们把这种爱传给了我们。我们可能永远无法与他们建立我们想要的那种关系。我们甚至如洛伊建议的那样,减少与他们的接触或完全断绝来往。但里尔克认为这是我们**生活**的一部分,他提醒我们从父母那里继承了生命,也包括爱。当然,如果能够这样去爱,本就可以引领我们摆脱沮丧和愤怒。

没有人可以代表别人说里尔克所建议的那样寻找美好事物是可行的还是不可行。我们如何实行他的建议掌握在我们自己的手中,为我们自己性格的可塑性和局限性所影响。但我要说,你应该试试他的建议。睁眼看看自然界提供的无穷无尽的景象;大多数时间,我们只是忙于自己的习惯琐事,对身边的一切视而不见。但植物、树木、动物、天空、海洋等等在那里等我们发现,给我们以奇迹般的终极回报。如果我们睁开眼睛，我们或许可以从伴随我们左右的苦痛中获得慰藉。如果我们能够获得这样的慰藉，我们或许可以与带给我们失望或损失感的父母和解。毕竟是他们给了我们生命。我们能经历这个世界的美好不应该感谢他们吗？

Incomprehension; or, Adversity in Love

2. 不被理解：爱情中的挫折

2. 不被理解：爱情中的挫折

我们迷醉于爱情。每个人都在追寻它或想象它。根据火车、公车和伦敦地铁站上网上红娘网站广告数，以及这些网站数来推算，全世界大概有8000个红娘网站，甚至还有专门化的网站，如专为基督教信徒、剑桥牛津毕业生或疱疹病人、特别喜爱宠物的和只用移动设备约会（"简单直白的移动约会**极其安全**，适用于**所有**移动电话、智能电话和普通电话"，"手中的爱情"）的人士服务的婚恋网站。还有那些专门服务有军队情结或制服情结的人士、嬉皮士、素食者、自认丑陋（"相貌平庸人士婚恋网"）、《星际迷航》的粉丝和各种科幻迷、愤青、书呆子、哥特舞者、生手……这个单子还可以延伸下去，无穷无尽。另外还有看上去同样无穷无尽的当代电影和小说鼓吹浪漫的爱情，当今观念中婚姻的主要动机还是，或应该是，爱情。任何其他结婚的理由——如财富、安全——相对可被忽略。我们对关于明星们爱情的八卦有着无止境的兴趣，并猜想那些看上去处于悲惨境地的他们依然可以从这种我们所不具备但又渴望的爱情中获得收获。

显然，我们对浪漫爱情情有独钟——在本章我将讨论这种浪漫之爱——那种让我们确信具有深层的极端重要性而又

57

几乎让我们无法抵抗的东西。但我们也都知道这种诱惑往往也带来失望：离婚率节节升高，婚前协议暗示我们知道自己有可能在婚姻上失败，我们也都熟悉那种失去爱人的痛苦或者单相思的痛苦，甚至仅仅是那种发现我们所爱的人实际与我们想象中的他或她不同的痛苦。我们在爱情中到底要寻找什么？我们如何才能更好地了解爱情带来的失望和冲突？

坠入爱河

早在公元前五到四世纪苏格拉底和柏拉图时代，爱情就已经被描述为一种疯狂或酒醉了。在希腊神话里爱情之神是厄洛斯（罗马名字为丘比特，译者注），所以爱情又被称为 eros。在十九世纪，司汤达重复了同样的看法，在他的《论爱情》中写道："那种被称为爱情的疯狂……给了人这种生物在人世间能体会到的最大的快乐。"(*De l'amour*，39) 无疑，这种疯狂和迷醉在爱情中占据了中心地位。对于大多数生活在现代"官僚世界"——或如德国社会学家西奥多·阿多诺所称的"管理下的世界"——生活被限制在我们并不全然了解甚至更少控制的大规模的组织结构之中——至少在工作场所

2. 不被理解：爱情中的挫折

如此。而且，如马克斯·韦伯所表明的，在现代西方社会生活的我们处于一个基本上没有幻想的世界：古代神祇们早已离去，就如尼采所宣称的。基督教上帝对我们中的许多人来说也已死去，我们的世界是平的，神秘事件都已被科学所解释，自然界的意义被生物进化论的盲目力量所取代。在这样的背景下，我们面对那种迷醉般的爱情。

在这种迷醉中，我们忽然有了那种比我们那个无趣而扁平的通常世界里令人厌倦的琐事、义务和责任更深刻、更真实的感觉。那种随爱情而来的遗弃或放弃感与我们的日常活动形成了巨大的反差，给了我们一种逃脱感，难怪我们无法抗拒爱神的吸引。的确，爱情就是爱神，他是我们中的许多人在这个无法赋予意义的世界上唯一一个剩下的神祇。当然，这种对爱情的感受并不是我们的新发现，我早就提到了苏格拉底和柏拉图，但它依然对生活在现代的我们存有特殊的意义。

爱情，是一种逃离。但又是一种能让我们对现实生活产生回家感觉的逃离。这是以前的宗教所起的作用，他们给了我们这个世界是我们的家的感觉，让我们的存在变得有意义，

59

即使这种意义是引领我们离开这个凡世到达上帝的国度。爱情的体验，同样不仅让相爱的人，还包括令所有的事物都看起来更可爱，看上去给我们提供了一种归家的体验，能让我们最终与世界达成和谐一致。

基督教的遗产

我们很多关于爱情的想法来自基督教。其中至关重要的一个观念是，爱情是彻底无条件的、永恒的，而且完全无私，就像保罗在《圣经》的《哥多林书》中13：5-7中所说："慈善（此处也指爱情）……并不为她自己……生养万物……永不消逝。"保罗说的爱不只是浪漫之爱，但我们通常认为他所说的爱也包含爱情。我们设想在浪漫爱情中，我们能完全认识所爱人的真实面目而且自己能全心全意地为对方着想——换句话说，我们慷慨、善良、有气度和耐心。

这意味着我们可以将浪漫爱情带给我们的强烈迷醉，与那种确信我们所经历的是完全值得仰慕的——因为它出自彻底无私动机的——信念相混合。这看上去好得让人难以置信：在爱情中，我们觉得自己醉于其中，我们的生活又被赋予了意义，世界充满了爱。**而且**自己完全无私。

结晶

它的确难以置信，因为这并不真实。如果你想避免爱情带来的失望，你应该首先对爱情的真实面目要有冷静清醒的认识。

司汤达在《论爱情》中试图理解，同时又克服他对马休蒂·丹波斯基的单相思。他在1818年遇见她并一见倾心，但她却从未回应他的爱，他越是坚持，她躲得越远。在本书中，他悟出了对浪漫爱情最精辟的认识。他称这过程为**结晶**。如果你爱上一个女人，司汤达写道：

……你将她想得千般完美，并乐此不疲……最后把她夸张成完美无瑕，好像来自天堂，虽然你还不认识她，却确信她属于你。

如果你让一个坠入爱河的人自由思考二十四小时，你会发现：

在萨尔斯堡的盐矿中，他们往废弃矿井深处投入一小根没有叶子的树枝，两到三个月后捞出来一看，树枝上盖了一层闪闪发光的晶体。再小的树枝，哪怕只有山雀爪子那么大，都能长出数不清的像钻石般闪亮的晶体。你无法认出原来的树枝。

我们所说的结晶就是我们的大脑把一切的可能迹象引申成我们的爱人是完美的证据。(*De l'amour*: 34-5)

司汤达更进一步认为，还有第二次结晶，在此过程中，仰慕者随着其对被爱者是否还以爱的回报的怀疑将被爱者的完美进一步**加深**。为了消除自己的怀疑，仰慕者搜寻各种对方爱自己的证据，当他找到蛛丝马迹，"结晶过程开始展示被爱者新的优点"。虽然整个结晶过程的开始只是被爱者所展现的一点美感，"仰慕者会迅速发现他的爱人真的天生丽质，连缺点都美丽，不再去想她**真实的美貌**。"(*De l'amour*: 36; 52)

很显然，司汤达是在谈论**想象力**在爱情过程中的重要性。结晶过程只是一个例子。其他例子包括，想象力让一个人对我们产生吸引力，缘由并不是他或她内在的特性，而是，例如，我们在什么场合遇见的这个人，或者其他如名气之类的

2. 不被理解：爱情中的挫折

因素。例如，人们早已知道，拥有良好物质基础的人，哪怕只是中等之姿，看上去也会显得很有吸引力，甚至美貌。在这种例子中，想象力被一个人外在的假象所激发，而不是来自于他或她真正的自己，或者说，想象力错误地认识了一个人，根据那些假象赋予了他或她本不具备的光芒。事实上，极有可能在排除了想象力对心仪者投下希望、渴求、欲念、需要和害怕等原本与被爱者全无关系的混合感受之后，世界上就没有所谓浪漫爱情。浪漫爱情中含有想象力因素并不是问题，问题是这种因素让人无法看清自己在做什么。司汤达评论道：

> 自他开始恋爱时，再聪明的人也无法**看清真相**。他低估了自己，高估了被爱者的任何一丝好意。希望和恐惧立刻成为**浪漫**和**任性**。（*De l'amour*: 55）

司汤达用了英语的 wayward（任性）一词，而不是法语，更彰显了他对所发生在爱人之间的描述的不寻常。无论如何，对于那些因爱情而失望，或苦于得不到自己爱情回报

/ 当我们被某人吸引时，通常不是因为他们真正的自己，
  而是他们所拥有的财富或那些让他们看起来更具吸引力的因素。

2. 不被理解：爱情中的挫折

的人，司汤达提供了针对浪漫爱情的治疗。其目的并不是让我们不再感受到爱情——谁会采取这种因噎废食的可笑方式呢——而是让我们可以更好地应对这种失望。他说："如果你对别人的爱得不到回报，或充满痛苦，请记得，尤其是在这最初期，爱情只是一种疯狂，那种至少让你们部分失明看不见自己和对方自身的疯狂。如果你能意识到这点，可能，如果运气好的话，可以与爱情保持适当的距离。"

另一种对付失望的方式是把这种痛苦当作你对生活更深层的理解。我有个朋友，曾经在一段时间经历过比常人更多的不成功爱情。他常感到不幸和苦痛。但渐渐地，我意识到在他的每次恋爱中，都有他存心如此的痕迹，他十分清楚每次恋情的开始都满足了他对人性的好奇心。他总能发现一种方式来证实各种信念，好的，或者坏的，而这些恋情就是证实这些信念的途径之一。法国哲学家萨特也曾经如此。在他的《战争日记》中写道：

> 在我看来，在这个时刻，我在最本质的构造中体会我自己：在这种孤独的贪婪之中看见自己的感受和苦

痛……为了体会所有的"天性"——苦痛、愉悦、在世。这是精确的**自我**，这个连续的、内省的再造；这种将自己投入崇高行为的迅疾冲动，这种细察。我了解它——通常我厌倦于此。这是那些女人们对我产生魔术般黑暗而令人窒息的吸引力的来源。(*The War Diaries: November 1939—March 1940*: 62)

这种态度很让人钦佩。显然，你对生活的态度得足够恬淡才能以这种方式看待爱情，而且以这种方式生活可能会带给你走向自我毁灭的危险。但如果你能把没有回报的爱情或爱情带来的失望看作丰富多彩的人类生活的一个窗口，在这个层面上迎接这种体验，你肯定可以得到更多更有价值的对于自身和生活的认识，而这本身将帮助你更好地理解和面对痛苦。

回到现实

司汤达虽然把爱情视作疯狂，但他一点都不犬儒主义。他不否认爱情具有价值，也不宣称真正的爱情不存在。如我们已经看到，他认为爱情是我们最大的快乐。但他是现实的，他相信如果我们把我们幻想出来的爱情的一些光环，包括那些我们从基督教传统中继承的东西去掉，对我们更有益处。

选择，选择

导致我们因爱情受苦的主要幻想之一是，我们选择了自己的所爱。我们经常将此与家庭关系相比较：你不能选择你的家庭，我们告诉自己，但我们可以选择朋友和爱人。很多时候正是这种想法让我们在一段爱情没有得到完满结果时，产生毫无建设性的负罪感，让我们痛苦。"既然是我选择了与这个人在一起，"我们会这么想，"我就应该善始善终，如果我没做到，或者我们没做到，我们应该感到负罪和羞耻。"以各种方式，暗示或明确地，那些不得不经历失败了的爱情的人们受此想法之苦。

但我觉得那种我们选择了自己所爱的人的想法大多数情况下是一种幻觉。不说遇见某个人完全取决于偶然，即便是我们之所以被某人吸引的原因也神秘莫测。自己在这个过程中的控制远比我们想象中的小。一个善良而贤淑让我们无可挑剔的人从恋爱的角度可能会让我们觉得冷漠和毫无魅力，而另一些完全没有这些美德的人，因为某些完全不清楚的原因，深深地吸引了我们。或许，如司汤达所说，都是他的帽子的错：

> 一个慷慨的男子向一个看起来不快乐的女子施以了最周到的善意；他有着所有的美德，看起来爱意是天生注定。但他戴着一顶不合体的帽子，而且她注意到他骑马的姿势不够优雅。她叹息着告诉自己她将永远不会对他的爱意产生共鸣。(*De l'amour*: 51)

谁也搞不懂为什么一顶帽子会有这么大的作用。但事实的确如此，可能是以某种神秘的方式，它代表了某些那个被爱的人所不喜的某种东西。或者，也有可能，另一个人的帽子恰好因为其对我们喜欢的东西的象征而吸引了我们，让我们爱屋及乌。但不管是哪种方式，一个人的帽子对我们有这么大的影响，不是我们的选择。

要紧的是记得那些让我们对某人一见倾心的可能只是他

2. 不被理解：爱情中的挫折

或她举止、姿态或说话方式中次要的细节。要是我们相信爱情是我们自己可以控制的东西，就会陷入我刚才提过那种自责。这并不是说一个人不应该为爱情努力：当一见倾心阶段的迷醉过去，清醒的头脑回归后，你的确应该主动为爱情努力。与通常的看法相反，爱情不是无条件的。如果你和某人在一段感情里，事情开始往不好的方向发展，除非你已经受够了，你还是要想法解决问题。但如果你坚持爱情是无条件的，为自己没法做到这点而不停自责，事情只会越弄越糟。更好的办法是诚实面对，寻求并培养当初激起你爱意的那些东西。当然，你需要和你的爱人交谈，但如果你还能再给他买到那顶特别的帽子，或者一起去看场愚蠢好笑的电影，或邀请朋友与你们俩一起去外面吃个饭，效果可能更好。这就是尼采所说的"有深度的浅薄"。

很多时候，我们所需要的是像我们第一次看见他或她时那样看那个人（译者注：人生若只如初见。）这是为什么阿兰在他的短文《关于幸福的思考》中对夫妻情侣间的生活作出建议：一种解决生活中这些问题的办法可以是两人一起，与他人一道共度时光。有外人在时，我们都会更有礼貌，他说，

69

就这一点便足以正面地消解很多负面感情。而且，他人的陪伴可以帮助我们分心，不让那些破坏性的自我沉溺占据我们的头脑。"这是为什么，"他接着说，"最可怕的是夫妻情侣与世隔绝，一切依赖于爱情。"（*Propos sur le bonheur*：92-3）显然，阿兰也考虑到，当外人在时，你看伴侣的感觉可能更像你们初见之时，这可能会提醒你自己当初为什么会这么喜欢这个人。如果爱情是有条件的，那就培养这些条件，不要指望自己可以在虚无中培养爱情。

愚蠢

"我们出生时都会大哭／因为我们到了这个充满白痴的伟大舞台"，这是李尔王所说。但我们也都自然而然地认为他人都是白痴，而自己例外。这就是为什么自大成为哪怕你们的关系尚好，依然会很容易掉入的陷阱。

英格玛·伯格曼的电影《婚姻生活》很好地探索了这种自大。约翰和玛丽安有一个看上去完美的婚姻：两个漂亮的孩子、成功的事业、许多金钱。但从一开始，他们毁灭的种子就已显而易见，当约翰吹嘘自己的聪明和敏感之时，以及后面一个镜头，当关系到他们自己、他们的生活和他们的婚姻时所表现的斤斤计较。他们肯定自视好过自己的朋友彼得和伊娃，后者当着来访的他们的面在饭桌上大吵。但正是这种自大毁了他们。他们也渐渐意识到自己并不比其他人更好，他们和别人一样虚弱、易伤和对生活不确定。总而言之，他们一样愚蠢——伯格曼称他们"感情上的文盲"。他们能保持在一起不是因为自身出众的天赋或智慧，而是财富。这并不是说你不需要为良好的关系作出努力，或自身的天赋及智慧对维持关系没有帮助，而是说与那些相比，**感恩**是更有效的态度：感恩是承认那些让爱幸存的巨大的神秘因素的存在。约翰和玛丽安看不到这点。他们认为他们所拥有的一切都来自自己的努力。以这种方式思考必然会带来导致毁灭的自大的风险。

如我在前面所提到的，保持爱情圆满的一个必要条件是一个人对自己愚蠢的健康认知。这并不是自我自责，或期望降低自己眼中的自我形象，而是培养自我嘲笑的能力。这是一种有意识地承认关于如何让对方愉悦这方面自己知道的比自认的要少。也是承认自己对他人——尤其自己所爱的人——所知甚少，因而能抵挡那些想批评对方感受和想法的冲动。"我们所有人都不够体贴、不够谨慎、不可靠、不满足、野心勃勃……和腐败"，古罗马哲学家塞内加不容置疑地提醒我们，"因此，不管他指责别人犯了什么错，这些同样的错也居于其自己内心深处。"（"On Anger"：40）

友情

简短说，就是做一个好友。

亚里士多德指出友谊的三个基石：有用、愉悦、分享美德和善意。有些友谊，他说，就是互相有用的朋友，就像同事间的友谊，或者客户和供应商之间的友谊——或者你和你雇来翻修你房子的建筑师之间的友谊。第二种友谊建立在共同的愉悦之上，像那些都喜欢某种运动的朋友。最后一种，亚里士多德说，是最好的友谊：它是"纯粹的友谊……那些具有共同美德的好人"。（*Nicomachean Ethics*：1156b，6）第三种友谊最好，是因为与另两种友谊不同，当那种用处或愉悦失去时，友谊也随之消失，而第三种友谊可以长久存在。而且，那种美德将表现在每个朋友都为了对方的利益而关心对方，而不是因为对方可以给自己带来好处和愉悦，第三种友谊本身也是对人有益而令人愉悦的，所以也可以认为它同时包涵了另两种友谊的好处。

不难看出亚里士多德想倡导什么，但我觉得他对友谊的分析过于道德化。因为他想象在真正的友谊中，朋友都有相同道德的追求，他们互相关心的核心是相应的美德及在朋友间这种美德的培养。我们可以从亚里士多德著名的论断"朋友就是另一个自己"(*Nicomachean Ethics*：1166a, 31-32）中确认这点，他认为"每个朋友以自己赞同的形象塑造对方"。(*Nicomachean Ethics*：1172a, 13-14）这在我看来有悖于一些真正友谊的天性，而且极具道德说教性质，因为它并没有告诉我们友谊是什么，而是告诉我们友谊应该是什么。

维尔纳·赫佐格的一部关于自己和克劳斯·金斯基的友谊的电影是说明我观点的很好例子。这部电影有一个反讽的名字《我最好的朋友》——中文译名来自英语翻译 *My Best Friend*，但更准确的德语直译应该是《我最亲爱的敌人》(在德语中敌人 *Feind* 和朋友 *Freund* 拼写和韵脚相近）。电影中两位主人公尽管有着不停的——有时还是巨大的——冲突和敌意，他们显然又是很紧密的朋友。当然，你可以坚持只有符合亚里士多德标准的友谊才是真正的友谊。但这显然是拿着现实往理论上套，而不是建立恰当反映现实的理论。实际上，我们会部分因为我们朋友的缺点而爱上他们，就像赫佐格喜爱金斯基，如果不是这样，我们就不会有朋友了，因为我们都有各种缺点。另外，朋友可能在某些方面有共同点，但友谊也包含着持久地意识到并接受对方与自己不同的能力。与亚里士多德相比，哲学家理查德·瓦尔海姆下面这段话离真实更近：

> 我觉得，友谊的真谛在于一种能够感知、愿意尊重、希望理解人与人之间的不同。友谊在于对作为独特个人的对方的反应，一个人的友谊延伸到他对这种独特性反应的接受边界。*The Thread of Life*：275-276）

如果你想和你爱的人成为好朋友，如果你想解决爱人间无可避免将会出现的问题，那么，瓦尔海姆对于友谊的观点很可能是你的答案。

2. 不被理解：爱情中的挫折

这么做很困难，因为在生活中最难做到的事之一是"**由他去**"。我们有一种相信自己知道如何才是对他人好的自然倾向，并很愿意告诉别人该如何做。提醒自己自身的愚钝是抵抗这种诱惑的一剂良方。而且，我倾向于相信在个人关系方面，所有的批评最好的结果是无用，最坏的结果是帮倒忙，哪怕那些批评有着足够的理由。即便在那些罕见的情形下批评起了积极的作用，也是缘于非凡理性的判断力，而我们大多数人、大多数时间，基本上是做不到的。在向我们所爱的人提供建议时，我们应该比我们平时更小心谨慎。

自我主义

我在上面提到的关于我们依据基督教传统看待爱情的观点之一是其彻底的无私性。这部分是因为我们相信恶习与美德完全对立。但这只是一种误见。美德来自于恶习的滋润。如拉罗什富科在他的《格言》中所称："恶习进入美德就像毒药作为药物的一种成分。谨慎可以将其组合并驯服，用以治疗人生之疾病。"(*Maximes*，no.182) 虚荣和自爱出现在所有的美德之中，帮助美德之成为美德。当然，如拉罗什富科所坚持，它们必须被驯服，但驯服并不等同于彻底弃绝。浪漫爱情显然也带有它那一份自我主义，因为这种爱情表达了对于对方的**需求**。莎士比亚的《安东尼和克利奥帕格拉》中对此有一段精辟的描写，美国哲学家阿兰·布鲁姆有过深刻地分析，谈起这两位青史留名的一对所分享的爱情，他写道：

> 在现代社会，给爱情赋予那么多崇高有些令人惊讶。爱情完全是自私的。最能精确显示出爱情本质是莫过于那种互相对对方绝望的需求。在我看来，与那些关于悲伤和悔恨无私的表达相比，克利奥帕格拉对濒死的安东尼抱怨说："你不关心我吗？"（IV.xv.60）是爱情更有力的宣示。每个人都因那种无可避免的需求而被引向对方。他们对于对方的爱意意味着他们必须永远互相拥有，无论结果如何。这种饥渴感和拥有欲比其他因素更有力。很少有男人或女人具备这种自私的自我忘却精神。（*Love and Friendship*: 305）

安东尼和克利奥帕格拉或许是极端例子，但他们的确展示出所有浪漫爱情中都暗含着的东西，即自我主义。我的目的当然不是说大家应该在爱情中自私自利，或者忽视自私可能会破坏爱情这一危险。而是对这一自然本性的诚实认知。与认为爱情是无条件的一样，觉得爱情是无私的想法一样会让人产生自责和沮丧，尤其是当你碰到问题时。所有的恋爱关系都会面对力量平衡的不停变化，那些希望通过让自己无私地投入对方需求的方式来达到稳定性的人最后往往发现自己成了传递破坏性的媒介。我们所需要的是在双方彼此不同之间寻找平衡，而不是采用注定失败的方法将关系双方中一方完全放弃。

一个寓言

德国哲学家亚瑟·叔本华曾讲过一个将人类和刺猬比较的寓言。在一个寒冷的冬天，刺猬们聚在一起取暖，但如此一来，他们又会因身上的坚刺令对方受伤，所以它们又不得不分开，又因此感到寒冷。叔本华认为，人类也一样：我们期望互相抱团取暖，尤其是在浪漫爱情中，但一旦我们得到了温暖，我们又因那种非常亲密的关系互相伤害。这种亲密会产生很多情感冲突，其中最常见的，也因此最易于伤害亲密关系的是愤怒和嫉妒。

愤怒

古代哲学家们对愤怒以及如何避免和控制它特别感兴趣。他们提出了许多很有帮助的想法。例如，在一篇关于愤怒的短文中，普鲁塔克重复了塞内加在更早以前提出的建议。他着重以方旦努斯为例，方旦努斯是公元107年时的古罗马执政官，以坏脾气闻名。方旦努斯告诉我们自己是如何驯服自己的怒气的，并给出了一些建议。例如，他描写他感受到一个处于盛怒中的人往往有着极不优美的仪态：变形的体态、发红的面色、变调的嗓音等等。意识到这些后，他说，他不愿意以这样一种"精神错乱"的面貌示人，并表示如果有一个人可以一直在自己身边拿着镜子就好了，让自己一发怒就能看见自己在镜子里的丑态。同时他也建议我们想想那些可以抵御怒气的人，哪怕他们有足够的理由发怒。

我最爱的例子来自安提哥那一世，他不经意间听到一些

2. 不被理解：爱情中的挫折

/ 人类的刺不易看见，但能造成很多痛苦。

他的士兵在他帐篷不远处咒骂自己，士兵们没有意识到那些咒骂被他听得一清二楚。他出去看着他们说："亲爱的，你们能不能到离我远点的地方骂我？"方旦努斯也告诉我们，如果我们处于盛怒之中，应该等一会儿再行动，因为，当我们冷静下来，可能会采用一种更温和的反应。他还提出怒气几乎毫无例外来自于我们的感受被忽略或忽视，我们应该寻求自己与这种感受保持距离——如第欧根尼那样，当他听说有些人在嘲笑自己，回答说："我不觉得自己被嘲笑。"方旦努斯还告诉我们要学会为小事情高兴，建立简单的生活——不要对自己吃什么喝什么之类斤斤计较，而是学会"生活中不需要很多多余的东西"。("On the Avoidance of Anger": 194）方旦努斯强调这些方法对亲密关系的维护也很有帮助。

除此之外，我们还可以再加上塞内加关于知道自己的局限在哪里的建议。知己之短可以避免从事自己力所不能的任务；否则失败的到来无可避免，怒气也随之来临。在浪漫爱情方面，了解这点也很有助益：不要期待自己可以给出超出你能力的东西。这不是提倡懒惰，而是了解真正的自己。我有一次问我的朋友有什么秘诀，他拥有一个健康的爱情关系

2. 不被理解：爱情中的挫折

超过三十年。他的回答是"放低期望"。你可以用可悲的反讽来解释这句话，但实际情况并不如此。他反映了真正的现实——不仅是他从这个关系中能得到什么，也包含他能向这个关系贡献什么。道德俯卧撑比身体俯卧撑更难，往往会带来灾难。法国随笔作家蒙田说过，如果你想像天使一样飞翔，结果只能是更笨重地跌落地面。

塞内加还建议我们以"令人愉悦的艺术"培养自己的心灵，"对愉悦的追求为受伤的心灵提供了抚慰的药膏"。("On Anger": 26）在爱情场景下应用这一原则与我早先关于培养爱情互利性的想法呼应：爱情是通过双方共享快乐而培养。对愉悦的追求为受伤的爱情提供了抚慰的药膏。道理很明显，我们都知道。但我还是要一说再说，因为我们很容易把它忘在脑后。

所有这些都无法否认在有些时候，我们生气是有足够理由的——虽然普鲁塔克并不这么认为——但我们还是应该学习去了解和控制我们的怒气。

关于安提哥那一世的那个轶事特别说明问题。显然他清楚地意识到自己不被批评是不可能的。他接受一个人无可避

81

免地会被别人批评这一现实，剩下最好的应对就是不要因此生气。他的做法与尼采在《人性的，太人性的》中关于友谊的论述非常相似：

> 想想哪怕是我们最亲密的朋友之间各种不同的感受差别之大、观点差异之巨，那些同样的观点在我们的朋友脑袋里的地位和强烈程度又与你自己的不同，为什么成千上百次地，你们自己有产生误解的可能，以及突然而来的敌意。然后，你"或许会对自己说：'我们之间建立联系和友谊的基础原来如此脆弱，那些冷漠的暴雨和坏天气原来离我们如此之近，我们每个人是如此孤独！'无论是谁，产生如此感受之后……或许会……哭喊：'朋友！根本没有朋友！'但他还是会暗自承认：'实际上，朋友是有的。但他们是被你的错误和幻影所吸引，他们为了继续做你的朋友，不得不保持沉默。这种人类间的关系，几乎永远是建立在一些事情永远不说不碰的基础上……有哪个人如果知道了自己最亲密的朋友在内心深处如何评价自己而不受到致命打击的吗？'"

2. 不被理解：爱情中的挫折

（*Menschliches, Allzumenschliches*：*ein Buch für freie Geister*：I, 376）

尼采觉得友谊部分地取决于那种技巧，即有意**不去**知道对方对自己的看法，一种对于**不应**知道这些事的有意识接受。换句话说，友谊能够持久，除了别的因素之外，还需要服从**互不理解的条件**：你的朋友将不可避免地对你保持一种神秘感，而这是培养友谊的必要条件。浪漫爱情也一样，就像德罗西·洛伊所指出的。（*Depression: the Way out of Your Prison*：133-134）如果你想要让你的爱情持久，接受你不能彻底了解你爱人，以及你爱人不能彻底了解你的现实，**以实际上不可能之情形**来说，如果你们真的互相完全了解，也就杀死了爱情。

嫉妒

上面那些分析也适用于应对嫉妒，嫉妒是最能破坏爱情的情绪之一。很多人在浪漫爱情中成为嫉妒的猎物，当然，某些时候，嫉妒的产生也有足够的理由。然而，我们已经知道，嫉妒一旦形成，可以自我放大，怀疑之火不停地被放大，即使主人愿意，往往也无法扑灭。之所以如此的原因是嫉妒要求一种它无法得到的东西：它希望完美地监视对方，即使它的确获得了对对方一举一动的监视，它也无法完全了解对方的感受和想法。有两个主要原因：首先，即使嫉妒的一方大致上了解另一方的感受和想法，也永远有足够的空间对这种了解进行不同的解读以使嫉妒得到理由；第二，实际上你也不可能对对方的想法和感受有精确和完整的认知。

我们应该记住一旦一个人开始嫉妒，那么没有什么东西可以终止这种感觉。而且，那个嫉妒的一方所要求的实际上最终是另一方无法按其自己的方式生活，就像托尔斯泰关于安娜嫉妒沃伦斯基以及普鲁斯特关于马塞尔对埃尔博丁态度的描写。那种沃伦斯基和埃尔博丁生活中有安娜和马塞尔无法参与的部分这种想法令后者无法忍受。然而，痛苦的讽刺在于，如普鲁斯特所指出，正是那种对方可以将我们带入一个全新世界的感受成为当初令我们对他或她产生爱意的原因之一。那种被爱的人生活在自己所处世界之外，而那个世界又是自己无法进入的那种感觉令人兴奋,但嫉妒也来自于这种对被爱之人排除的感觉。这也是爱情和嫉妒常常双伴双生的原因之一:它们滋生于同一个来源。如果你因嫉妒而痛苦,试着提醒自己,不仅你所求的不可能有结果,因为它实现不了,而且,那种令你现在辗转反侧痛苦难耐的东西,很有可能,恰恰是你当初令你对他或她一见钟情的东西。与生活中其他一切一样,万事都有代价。所谓在生命中的任何时候都能得到我们想要的东西只是一种幻想。

在这个层次之外,当然,浪漫爱情场景中的嫉妒很可能与性爱不忠或对此的恐惧相伴随。对于坠入爱河的体验以及随后更深层的爱情告诉我们正常的恋爱关系是忠实,不忠是不对的。但这种单向看待事物的方式忽视了忠实**不是**一件可以**简单期待**的事,而必须通过实际而深刻的努力。达斯汀·霍夫曼在做一个BBC第四台关于《沙漠孤岛》的访谈时聪明而幽默地说,一个朋友给了他如下建议:"婚姻能够成功的唯一方式是丈夫对他老婆怕得要死。"霍夫曼认为这里面有深刻的含义,因为,他认为,我们都——霍夫曼当时显然主要从男人的角度考虑——不适宜在一段较长的时间里,如今的标准应该是一生中只和一个伴侣维持关系,这是天性决定的。他说,从一而终,是困难的,需要极大的努力和自制。对自己妻子的害怕,他建议说,能帮助一个人不出去寻花问柳。

霍夫曼现实而幽默的智慧并不是孤例,在桑多·马芮的小说《余烬》中,将军在关于忠实性问题上的回忆中以恶作剧似的智慧与霍夫曼相呼应。回忆起他的好友康拉德与自己的老婆在四十多年前的私通款曲,他说:

什么是忠实?我们应该从我们所爱的女人中期待什么?我已经老了,也曾对此思考了很多。关于忠实的想法是不是来自于可怕的自私并且和其他大多数凡人的期望一样虚幻?当我们要求对方忠实时,我们同时也期望对方快乐吗?如果对方无法在忠实这个隐性的监狱里感到快乐,我们是否还能以要求对方忠实来证明自己的爱?……现在,在我年老之后,我已不敢像自己四十一年前那么不容置疑地回答这些问题了……(*Embers*: 220)

2. 不被理解：爱情中的挫折

我们之所以觉得将军所说的难以接受是因为他道出了事实。

在莫扎特的歌剧《女人心》中，两个军官，弗兰多和古格里埃莫分别与朵拉贝拉和菲奥迪里奇两姐妹订婚。唐·阿方索（一个古代哲学家）宣称，与军官们所宣称的他们的未婚妻将永远忠实相反，他能证明，她们与其他所有的女人一样水性杨花。双方打了赌，弗兰多和古格里埃莫声称自己要上战场，离开了家，然后又假扮成"阿尔巴尼亚人"出现。在化妆的掩盖下，他们成功地引诱了那两个女人。真相大白后，唐·阿方索劝两位军官原谅他们的未婚妻——毕竟，这是"Così fan tutte"，字面直译是所有女人都这样（英语为 thus do all[women]）。

有些人认为这部歌剧歧视妇女或犬儒主义。但在我看来，莫扎特那出色的音乐让它脱离了低俗，向我们展示了对待人性弱点和缺陷的正面态度，以温情接受人世变迁。不管怎样，我们还是要承认保持忠实是一件难事，也就是说，我们可能永远无法真正理解忠实这一概念，除非我们理解它并不是能轻而易举地被凡人所遵守的。如马基雅维利所言，人

87

类天生水性杨花。因此忠实是一种非常难得的美德，而嫉妒的爱人如果可以在了解保持忠实之难得的情况下反思自己的妒意，可能对爱情的维护更有好处。如果我们能开始这么想，嫉妒可能会变得更容易克服，正是因为我们打开了一扇窗，让其产生的原因暴露出来——不忠——并不是毫无保留的可怕，而是如《余烬》和《女人心》所显示，只是另一种人类可怕的弱点在他们战战兢兢跌跌撞撞的人生旅途中的表现而已。

当然，我承认这样一种态度是极为困难的，尤其当一个人陷入嫉妒的痛苦中时。因此，聪明的做法是在体验嫉妒之前、平静的时候先反思这件事，以免亲受其痛。换句话说，为自己做足准备总是明智的。应当记住，内心的平和不是容易和快速就能达到的，这是一项珍贵却艰难的成就。即便我们在这些问题上获得知识，我们离完全掌握它还有很大距离。塞缪尔·约翰逊是对的，他警示拉塞拉斯，要忧虑那些动听的言辞，借他的人物伊姆拉克说道："不要太轻率……去信任，或去崇拜道德老师：他们演说起来就像天使一样，但他们却像凡人一样生活。"(*The History of Rasselas*, *Prince of*

2. 不被理解：爱情中的挫折

Abissinia：80）但那同样表达了一种忧郁的智慧，约翰逊把它当作最后一个建议，当人处于逆境，不要试图规训他的情绪反应。事实上，他的整个生命历程就是这场斗争的亲身证明。

爱情的极限

在《哥多林书》中保罗将爱情形容为具有普遍的力量，他坚持：爱从不失败。但他是错的。爱会失败。你会爱上一个你不喜欢的人；你会不再爱一个你喜欢的人；你和你的伴侣可能依然相爱，但却无法继续在一起。爱情只是双方关系中的一个方面，仅靠爱情本身不足以产生一个成功的结局。但问题的一部分在于我们如何看待成功或失败。我们把一段关系的结束看成失败，但这未必是考虑问题的最佳方式。当然，没有人可以否认，当爱情走到尽头，不管我们怎么做，恋爱中的一方或双方都会感受到极度痛苦。但我并不认为有些事如我们大多数情况下设想的那么黑白分明。

我有个朋友，曾经告诉我，虽然他离了婚，他并没有那种按老套的说法自己"娶了错误的女人"的感觉。原因之一是他和此女子有过孩子，而什么事都比不上孩子对他的重要性。排除这个因素，他也无法想象自己会以"错误的女人"来形容前妻，因为这种说法暗示了在某个地方或许有一个"正确的女人"：他将与那个女人毫无困难地相处。但，他告诉我，事实未必如此：他现在的关系可能好于自己以前的婚姻，但这并不表示自己以前"弄错了"，虽然那段婚姻的确结束了。他与他的前妻有过好的和坏的日子，高潮和低谷——但所有这一切，按他所说，都是自己的**生活**。虽然他会对自己生活中的某些方面感到遗憾，但他无法对整个生活感到遗憾。

我觉得我朋友将自己婚姻结束的感受作为一种独特而有价值的经历贴近到自己的生活之中，并不因为其充满失误就弃如敝屣。这种看法充满智慧，如果你因失去了自己的所爱而痛苦，可能会发现这样反思会对你有所帮助：即便不是现在，可能在未来某个时刻，随着运气和努力，你可能会以另一种方式看待事物。你的生活和我朋友的一样独特而有价值，那些失望，包括爱情带来的痛苦并没有损害那种独特的价值，而是丰富了它。

Vulnerability; or, Adversity in the Body

3. 衰弱：身体上的挫折

3. 衰弱：身体上的挫折

在我给学生上课时，有时候我会惊讶于我们的好运气。我们在这里，可以花两小时思考哲学问题——比如自然和宗教信仰的意义，或者悲剧与喜剧之间的关系，或者我们对人类这一概念的理解。我们之所以可以做这些的一个主要原因是我们有良好的健康——我们的身体没有患有那些让我们难于或甚至无法进行长时间思考并讨论这些问题的疾病。当然，有时候有些学生也会为某些严重程度不同的疾病所苦，我很钦佩他们继续学业的精神。但这是例外，而不是常态。事实上，在人类历史的大部分时期，大多数人总体上并没有享有足够的健康能让自己思考那些在课程中占据我的学生们和我自己的问题。相反，身体的病痛依然相当普遍地折磨着人们的生活，幸运的是，在发达国家，这种威胁已大大减少——但显然，世界的其他地方还有很多人没有这么幸运。

无论如何，疾病并没有从人类世界中完全除去，也永远不会。在病痛中，我们意识到自己的身体是多么脆弱和无力。平时我们都把健康看作天经地义，但实际上却是我们的好运气，比我们享有的其他各种权益和好处更甚。在病痛中，我们不得不面对自己的终极弱点：身体的挫折。在本章中，我将建议一些想法来帮助自己面对这一切。

蒙田和身体的脆弱

在蒙田最后的日子里，他备受肾结石的折磨，他患此病来自于他父亲的遗传。肾结石源于钙或其他无机盐在体内的积累，形成尖锐或锯齿状的结晶，就像碎玻璃似的。它们会引起腹部或输尿管剧痛，感觉就像体内有火烧灼一样。现在有方法治疗此病，但在蒙田的时代，唯一的办法就是等它从尿道自然排出，而这本身就是极为痛苦的过程。况且，在蒙田的时代，肾结石还有可能因引起感染而致命，据说其带来的痛苦本身就足以让一些患者因此自杀。

在他的《随笔》中，蒙田好几次提起自己的肾结石，其中最详细和最感人的描述出现在他最后的随笔《论经验》之中，他在这篇随笔中提到了自己对待这种疾病的方法。但这篇随笔还包含很多其他内容：它也是身体的请求，为它自身的需要和应受的重视，它对我们在接受它的同时也同意它对我们提出的奇怪要求的乞求。蒙田的笔下表现出他对身体冷静的接受，认识身体的可爱之处，包括它对于疾病的脆弱。

3. 衰弱：身体上的挫折

他要求我们认识到，虽然我们身体上的柔弱让我们忍受各种病痛，但它同时又是我们通向感官愉悦的通道。因此，他大致地分析了我们吃、喝和睡觉的需求，鼓励我们享受这一切，毕竟面对身体的这些要求，我们除了遵从，没有别的选择。他甚至还告诉我们他喜欢抓痒，特别是自己的耳朵，因为那里经常发痒。

蒙田相信十六世纪的法国对于愉悦的追求过于怀疑，我怀疑他对现代社会想法也未必会有什么不同。我们乐于接受愉悦感在他看来是对空虚满足感的可怜追求，是身体对未明说的厌恶的表达，这让我们对愉悦的追求更为急切，也更为困难。他会说在现代社会中我们对愉悦的追求本身就显示出问题，我们所追求的并非什么愉悦，只是自我忘却——那种在悲惨的虚幻宴席中放弃思想与判断。这种比喻也表现在当代对于色情欲望的态度中：性作为愉悦本身的重要性已被那种逃离自身的极度欲望所超越。我们这种自我放逐感如此强烈，甚至成为未来愉悦的终点，似乎我们可以一下子就满足身体的欲望并从此从身体的要求中解脱出来。我们的自大使我们无法得到我们真正想要的，因为它不让我们自问什么才是我们正在需要的。我们的时代，同蒙田的时代一样，无法接受他的建议：既不需要逃避愉悦，也不要刻意追逐。

考虑到蒙田对身体的大方态度，不难想象他会认为生病是一个可以用于冥思的机会。他的最后一篇随笔也是一种疾病治疗的方法。例如，他告诉我们在面对他自己的病痛时——不仅仅是肾结石，虽然他显然也想着这个——他所遵循的依然是既不不懈地抵抗，也不完全屈服，而是依据自然规律和他自己的愿望认可疾病的地位。他认为我们必须"优雅地尊重我们自身现实，无论医药如何有用，我们依然因变老弱、生病而存在于世。"De l'experience": 299）. 他告诉我们如果那些发生在我们身上的事也会发生在别人身上，我们就不应抱怨。他提醒我们，很多时候我们可以平静地面对他人的病痛，却在轮到自己时抱怨不休。蒙田认为对他人平和的态度能帮助我们认识我们作为个人并没有什么特殊——发生在别人身上的事也会发生在自己身上，事情本就如此简单。

除此而外，蒙田还明确列出了那些帮助他面对肾结石疾病的东西：他认识到这只是年龄增大的简单后果；他看到很多他所尊敬的人有同样的疾病，能和那些人同苦让他备感荣

3. 衰弱：身体上的挫折

幸；他为此病出现在他生命的晚年而使自己可以享受年轻时代感到感激；他为有人赞美他在面对疾病时的坚忍表现而自喜。他还指出，过去，有些人主动寻求疾病，把各种疾病作为禁欲主义的一部分，相信如此便可以提升道德。他绝不如此，他说，疾病的不请自来也让自己学到很多，他为此感到感激。另外，他知道自己的肾结石可能会加速自己的死亡，但同样有很多他并未患上的疾病也有一样的结局；最后，他说他的疾病让自己觉得失去生命也没那么可怕，让自己以更大的安详态度面对自己无法避免的死亡。他以一种独特而令人印象深刻的语言结束自己的这部分反思："你并不是因为疾病而死；你因为活着而死。不需要疾病的帮助，死神也能将你完美地杀死。"（"De l'experience"：302）

蒙田的思考中带有很强的现实感，他有能力抓住那些对自己哪怕是稍纵即逝的经验。他能够清晰地看见发生在自己身上的事并同时不用借助自欺欺人的方法就为自己的痛苦找到真实的安慰。他还能利用自身的痛苦，让它为自己所用。而且，他还帮助我们对自己身体的认识不是固定的，我们有相当的灵活性，有能力以全新的方式去归纳、想象和体验自

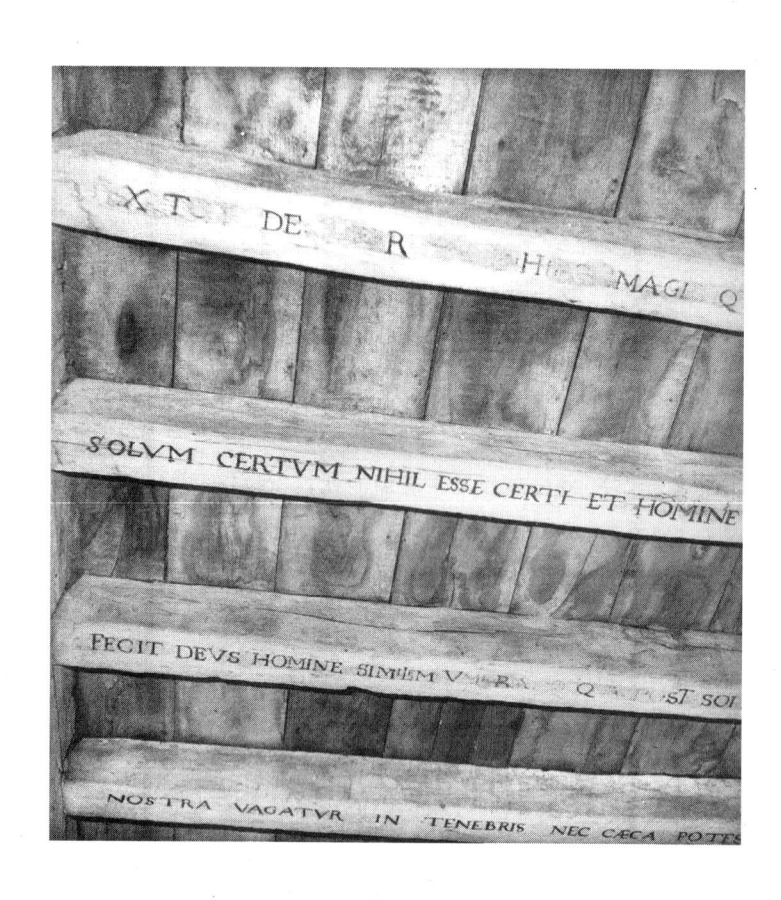

/ 蒙田在自己书房的横梁上刻下了他最喜爱的几位经典作家的名言。
他想在自己面对挫折时可以不时从他们那里获得智慧。

3. 衰弱：身体上的挫折

己的身体。

我觉得，很少有人对我们自己和我们的现实状况具有如蒙田般清晰的认识。至少在我自己，情况的确如此。就在不久前，我生了病。不是那种很严重的病——我只是觉得身体虚弱，但我也的确有心悸，眼睛也有些问题。我找我的家庭医生和医院都分别做了彻底的体检，没发现严重的问题。尽管如此，我的症状仍在加剧——眩晕、发麻，等等。在这期间，我有幸在意大利生活了几个月。我一到那里，症状就消失了：气候和生活方式的变化显然将我从平时的生活常规和疾病周期中解脱出来。我立刻就意识到那让自己觉得生病的原因是自己对可能生病本身的焦虑。我可能一开始有一些小病，然后不知什么原因那种自己生病了的焦虑占据了我，因此我觉得自己生了病的想法让我持续感觉病痛。我确信，如果当时我能学到蒙田的态度，那些症状肯定在我去意大利之前就早早离开了自己。更令我警醒的是，我平时并不是一个对生病疑神疑鬼的人，却依然会有这样的经历。我知道自己所经历的并不特别：我们所有人——至少是大多数人——会因为看不清疾病只是正常生命中的一部分，过于在意尽力摆脱疾病对自己的影响及因此焦灼不堪而让疾病变得更为严重。我并不是说当自己生病时不去看医生,而是说,我们应该像蒙田一样,对自己身体的脆弱有一个现实的认知。讽刺的是,接受自己的弱点可以让你变得更坚强。

给疾病编个故事:可能的感激

我刚才提到的关于如何看待自己身体的有些观点早就为人所提出——虽然蒙田并未提到——如亚瑟·弗兰克的那本有用的《受伤者自述》。弗兰克探索了描述疾病的几种方式——即:思考它、记述它、讲述一个关于它的**故事**。用弗兰克的话来说,蒙田将疾病讲述成一个追寻的故事。这种追寻的故事,他说:"正面迎接苦难:他们接受病痛并**利用之**。"(*The Wounded Storyteller*: 115)

约翰·厄普代克一生都与严重的银屑病斗争,也表现出这种故事化的态度。他为了摆脱银屑病的苦恼,很多年一直把自己曝晒在夏日阳光下,直到上世纪70年代,他才最终找到一种名为PUVA的新型疗法,即用紫外线UVA进行光照治疗。完全康复后,他又开始怀疑他作为作家的能力和敏感是不是和自己的皮肤状况紧密相关。他写道:"只有银屑病才能把一个原本很普通的男孩……把他变成……作家。那些看起来是我的创造力……是不是实际上可能是对自己不停生长的皮屑的拙劣模仿?我那具有机智文字能力的皮肤……是不是我那可怜而无力的文字的一个更好版本?"("At War with My Skin":75)

在这里厄普代克展现了自己**利用疾病**的能力——虽然他只是在事后回想时才意识到自己这点。而且,他还展示了自己难得的对疾病报以感激的能力,他以这种能力提醒自己可以对伤害自己的事物心存感激,因为它可以让我们成为原本无法成为的人。无疑,如果这种新疗法早些出现,厄普代克也会尽早以此法治疗自己的银屑病,但他让我们意识到对疾病的治疗方法未必就是我们一定需要的。这当然不是说疾病(或某些疾病)是好事。但它至少可以用一种方式提醒自己自问我们在生命中真正和深层的需求是什么,疾病的治愈(或其他挫折的去除)很可能,至少在某些情况下,让接近这个答案变得更为困难。

我们每个人都应该尝试厄普代克所做的,想想那些我们想要逃离的自身某些东西,是不是真的不是那些让我们的生活更有意义的东西。如果你想时刻保持完美的健康,并且也梦想成真,却可能让你自满和不求进取。它也可能令你对他人变得不那么敏感和怜悯。或者,它也可能意味着你的生活缺少"危机感或独特感",后者可以帮助你以个人独特的视角看待世界,并更正面和敏锐地对待事物。疾病并不总是坏事,并不是在任何情况下都应避之不及的。

疾病的进一步故事:胜利和沉默

弗兰克所提到的另两种疾病故事是他所称的"重建故事"和"混乱故事"。

前者是将疾病看作整个生命故事中的一个间断或弯路,治愈后生活再次回到"正常"——也就是说,生病前的健康状态。如弗兰克所指出,这是现代西方社会最主要的看法,对应于医疗科学威力的极大发展。他指出这种故事的一个缺点是它的胜利主义观点,以为所有的疾病都可被治愈,另一个缺点是它将我们从死亡的现实威胁中隐藏起来,每种疾病,哪怕是那些不治之症,都被分解成一系列可以控制和治疗的

3. 衰弱：身体上的挫折

小症状，以帮助我们从生命有限的真实中逃离。他这样描写自己岳母的死：

> 当我的岳母劳拉·伏提得了癌症濒死时，我们都知道她不行了。至少一个我们直到她去世前两天都从来不提起她即将死亡的原因是，我们都忙于关心那些药物对她持续的加强治疗。不管她的病症如何加重，永远有某种药可以帮助。只要那些小问题可被解决，这里弄一下，那里治一下，关于生死的大图景反而被忽略了。每个专科医生都在某种程度上成功地完成自己的任务，但病人最后还是走向了死亡。（*The Wounded Storyteller*：84）

而后一个故事，混乱故事，并不是真正的故事讲述，因为病人正处于极度痛苦之中，他或她看不到任何可以克服病痛的希望并将其整理成一个故事。如弗兰克所描述的，一个人讲述自己的痛苦的能力总能够与引起他痛苦的源头保持一定的距离，并帮助他或她更好地面对痛苦。最大的痛苦就是这种沉默了。这提醒了我们所知道的但总是被忘却的事情：

人生所经历的痛苦莫过于无法缓解的痛苦和无意义地承受折磨。我们，尤其是那些为了试图理解疾病和身体脆弱而思考并写作的人都应意识到这一点，不然会忽略我们自己及他人痛苦的真相。

你如何看待自己的身体？

伴随着这些故事，弗兰克提出了一个人感知自己身体的几种不同方式。首先，一种方式可称为"**纪律性**"身体，这种方式下，人们将身体看作自己所控制和拥有并需要管教的东西，就像机器对于人类。另一种方式可称为"**镜像性**"身体，在这种方式里，身体被看成是某种理想形象的投影和镜像。第三种方式是"**主导性**"身体，作为对他人的力量而存在，例如，努力只有通过身体才能发泄和向外传递；接下来，还有"**交流性**"身体，身体成为人接受外界限制的媒介，从某种意义上说，人因自身与外界动态关系而存在，身体和外界的边界模糊而流动。这种对于身体交互性的看法看上去很奇怪，但这却是蒙田对自己身体态度的最好表述——他对疾病的认识是外界自然在他身体上的流动，这也是他对于那些正经受着或将要经受自己所受苦痛的人民所含的平静心态的来源。

当然，我们每个人都会以这四种方式看待自己的身体，常常是在同一个时刻，只是依据环境的不同程度不同而已。然而，就像我早先所说，弗兰克概念上的区分和蒙田的反思所能帮助我们的，是让我们看到自己能从不同的角度看待自己的身体。面对疾病时，一个人可以像蒙田那样反思自己的身体，如果幸运并有所坚持的话，能够帮助我们看到一些不同并更具建设性的东西。

需要找出疾病的意义

当我说蒙田具有极强的现实感时，我想起了尼采所说的观点：人类所无法承受的不是痛苦，而是无意义的痛苦。当然，蒙田是在追寻他痛苦的意义，但我们可以感觉到他所追寻的意义深植于他所面对的现实情境之中。这是如此地显然，虽然他明显地将自己的疾病高贵化，换句话说，为自己的疾病创造出一种视角，使之看起来更高贵和庄严。

马科斯·布莱彻那本关于疾病的伟大小说《伤痕累累的

心》中有一个人物,与蒙田异曲同工地说疾病可以让一个人成为某种"**讽刺性英雄**"。甚至患有脊髓结核病的布莱彻可能也是这样看待自己的。小说的发生场景是在疗养院,所提到的人物奎因托斯告诉病友以及所有在疗养院病友自己的病情时宣称。每一个英雄,为了实现自己的目标,都需要能量和意志力:

> 你看,每个病人都有这些。在一年之中,一个病人花费了与征服一个帝国同样多的能量和意志力……唯一的差别是他承受了完全失败。这就是为什么病人可被称为英雄中最负面的一类。我们中的每一个都是"没成为恺撒的那一个",虽然我们都已经满足了恺撒之所以成为恺撒的条件……拥有成为恺撒的所有元素却最后成了……病人,这真是具有令人惊讶的讽刺性的英雄主义。
> (*Scarred Hearts*: 84)

我相信蒙田会对这将所有病人比作讽刺性英雄的略显可笑、自我轻贱但同时又自我肯定的说法会心一笑。他会乐于

3. 衰弱：身体上的挫折

/ 反讽英雄马科斯·布莱彻和他母亲在一起。

看到此说法中奇怪、可笑、自我的无足轻重与世俗的高贵庄严的混合。这一定会使他乐不可支。

我早先提到过的厄普代克在他成功治愈自己银屑病之前，提出了又一种更真诚地发现疾病意义的方式。反思自己躺在海边晒太阳寻求缓解自己症状的那些时间后，他写了自己一直把这看成是上帝对自己的宽恕，对他来说"那种真实感，当自己躺在……热带太阳……之下，阳光压在我的肌肤上，让我感觉到：'我得救了……从丑陋和羞耻之中……被拉回了人类……'"。（"At War with My Skin"：68）

在厄普代克看来，自己疾病的意义无可置疑具有宗教意味，因为他以宗教的角度看待它：羞耻感，以及通过宽恕而得救。或许部分是因为这个原因，帮助他面对自己的银屑病：它并不只是简单的生理不适，而是，可能更重要的是，一种通过生理世界建立的与上帝之间的联系——这个世界给自己带来的特殊的联系。他通过发现这种治疗方式的意义而发现疾病本身的意义。应对疾病在很大程度上取决于我们找到疾病的意义的能力，就如蒙田或奎因托斯或厄普代克所做的那样——当然，还有无数种其他方式来达到同样的目的。

事实上，我觉得我们都需要以某种方式将自己贵族化来应对疾病，特别是那种像奎因托斯和厄普代克所得的长期和严重病痛。奎因托斯把自己看作恺撒，当然，肯定有其他更差的方式来看待自己。他的方式与厄普代克相比显然要谦逊许多。无论如何，但我们生病时将自己贵族化，并想象我们的疾病能如何让自己模仿我们所景仰的大人物般应对，对自己会很具建设性。我觉得，想象那些大人物在我们身处的疾病中会如何建议自己也有帮助，而且这种做法显然不仅仅适用于疾病。

虽然在本章中，我一直寻求将注意力引向那些追寻他们足迹可对我们有所帮助的人物，但我们每个人都必须找到自己的助力来源。这正是我们为什么需要试图关注我们身边的人以及他们生活中的故事，以发现他们的故事中有趣、奇怪、有益和可爱之处，这些常常是我们在平时繁忙生活中通常忽略的东西。做到这一点不仅有利于我们理解他人，也有利于理解我们自身。

让事情变得更糟

如果我们真的能够找到疾病的意义，有时候我们还可以通过夸张和非现实的想法娱乐自己。这可以避免让事情变得更糟。我们通常将疾病与道德联系起来，将疾病想象成一种惩罚。在加缪的小说《鼠疫》中，潘鲁克神父代表了持这种想法的人。当鼠疫在他所在的奥兰城爆发时，他告诉自己的教区，这是上帝对于他们各种罪行的惩罚。这种想法在人类历史上屡见不鲜，至今也未消失。苏珊·桑塔格在她的《疾病的隐喻》中提醒我们——她的例子包括肺结核、癌症和艾滋病——常常被作为隐喻：有时是责备、有时是惩罚、有时是其他目的，如控制。她的书的目标就是要去除疾病的隐喻——"我得了这个病是因为我是坏人，这病是一种惩罚"之类——为了将疾病中令人更加痛苦的意义除去。

有一个人发现了自己的疾病（结核病）的意义，给了我们一个极好而感人的例子，虽然是让事情变得更糟的例子，那个人就是卡夫卡，我在第一章中略微探索了他和他父亲之间痛苦的关系。从很多方面看，卡夫卡是一个备受折磨的人：作为一个生活在布拉格的说德语的犹太人，他觉得自己是个边缘人，几乎一直生活在不安和疑惑之中，被自己想成为作

3. 衰弱：身体上的挫折

家的深切理想、养家糊口的迫切需求、找到安定生活并成立家庭的急切渴望所深深撕裂。心理上备受折磨的他又有伤害性的自我怀疑和自我批判的强烈倾向，他一直认为自己的身体不足以承受他对自身的精神追求，不停地自我责备：

> 显然影响我前进的一个主要障碍是我的身体状态。我这样的身体让自己一事无成……我的身体过于衰弱，它没有一丁点儿脂肪来提供我迫切需要的温暖、维持我内心的火焰、没有那些可以滋养我精神的脂肪，我的精神只够应付日常生活，一旦超出这范围就会伤及身体。
> (*The Diaries of Franz Kafka 1910-1923*：124-125)

当卡夫卡在1917年第一次患上结核病时，他立刻给自己的疾病找到了意义，将其看作是自己灵魂患病的隐喻。"隐隐地，"他写信给自己的未婚妻菲丽丝·鲍尔，"我不相信这个病是结核病，而是自己全然破产的表现。"他还将结核病与自己和母亲的关系联系起来，包括他觉得自己是从母亲那里遗传和获得了此病，在同一封信里，他写道："那种孩子得到的紧拉着母亲的裙边一类的支持。"(*Letters to Felice*：655）卡夫卡显然知道自己得的是结核病，但他所表达的是虽然这是一种疾病，但更是一种自己**确实错了**的隐喻——或者说，他指的是自己的心灵状态。卡夫卡没有将自己的结核病简单地看作一种疾病，而是某种形式的**自我批判**；他的身体**背叛**了自己。不仅如此，他还更进一步显示出他替疾病加上了更深层次的情感和心智投入，将它看作创造力的表现和源泉——那种使他能进行自己所迫切需要的写作活动的创造力。更进一步，他将此并看作自己不能结婚的原因，并认为自己一旦结婚就可能失去的东西。

卡夫卡的例子很有启示性，因为它展现了一个人可以花多少努力为自己的疾病寻求意义。不言而喻，我并不想批判他。远远不是。我只是要表明在卡夫卡的例子里，一个人可以因寻找自己疾病意义的某种特殊方式而加剧自己的痛苦。如果你是卡夫卡的朋友，显然你肯定会让他对自己温柔些。若你在生病时也倾向于过于严厉地对待自己，那么卡夫卡的教训可能会对你有所帮助，哪怕你没有走到卡夫卡那样的极端，你也应该换个方向，对自己更宽容一些。

3. 衰弱：身体上的挫折

责怪别人

但常常是，当我们生病时，我们并不是简单地怪罪自己，像卡夫卡一样：我们还常常有很大的倾向怪罪别人造成了我们的状态，甚至我们知道他们并没有错。我当然不是说，每个病人都会故意把自己的疾病归罪于他人。当一个人生病时，往往会更容易生气——对这个世界生气，生气是因为一个人觉得世界不公，通过那种"为什么是我"的想法表现出来。因为他人也是世界的一部分，他们也容易成为病人生气的对象，换句话说，就像恰好在那里顺便就成了出气筒。**人愿意对别人撒气**。这么做能带给人很大的快乐，虽然这在道德上令人厌恶。托马西·迪·兰佩杜萨在他的小说《豹》中通过旁白者之口说"那种叫出'是你的错'所带来的强烈快感是人类所能享受到的最有力的感受。"（*Il Gattopardo*：112）但作为客观存在的世界既无公平也无不公平可言。它就是它自身而已。这就是蒙田在说一个人不应该抱怨那些可以发生在任何人身上的事情时所指的意思。

塞缪尔·约翰逊曾就当一个人生病时有将怒气发到旁人

身上的倾向有所评论："疾病产生了许多自私。一个人在痛苦时寻求轻松。"(*The Table Talk of Dr Johnson*: 81）实际上，也的确如我所指出的，那种将自身痛苦发泄到旁人身上看上去是人类心灵的自然反射。事实上，那种道德批判的大部分其实是人类这种令人厌恶的倾向包装上动听些的话语而已。尽管如此，约翰逊，一生大多数时间都患着病——他曾经说过自己几乎没有享受过一天没有病痛的日子——却有着堪称典范的能力抵制那种怪罪他人对自己的病痛负有责任的诱惑。约翰逊能有效地破开表面让我们正视自身现实。例如，他曾经对自己的朋友博斯维尔评论说他总是抱怨自己是神经质的受害者；约翰逊相信博斯维尔自己喜欢那种精神上的痛苦。没有一个人，他说：

> 谈论自己希望掩藏的东西，所有人都希望隐藏自己感到羞耻的事……给自己立一个牢牢的规矩……永远不要提起你自己的精神疾病；如果你永远不提它们，你也不会花太多时间想它们，如果你几乎不想它们，它们也很少来折磨你。当你谈论它们时，很显然你想获得赞扬

3. 衰弱：身体上的挫折

或怜悯；显然这没什么可以被赞赏的，而怜悯对你也没什么好处，所以……不要多谈，也不要多去想它们。(*The Table Talk of Dr Johnson*: 81)

这是约翰逊恬淡寡欲态度的最好体现，但他的观点中有一些让人觉得可怕的地方，尤其是对生活在现代的读者，他们生活的时代以吐露自己精神上的苦痛为荣。当然，约翰逊说的是精神上的疾病，但身体上的病痛常常会引发精神上的痛苦，因此两者往往纠缠在一起。再次强调，所有这些都不是建议我们放弃对身体病痛的治疗——约翰逊也清楚地知道任何人，任何有理智的人都会喜欢健康多过疾病。他想说的是很多时候我们令人吃惊地愿意向人诉苦谈论自己的病痛，就像博斯维尔对着约翰逊喋喋不休那样。当然，有些时候，我们在生病时需要从朋友处获得帮助，我们也的确需要告诉他们自己所经历的事情，但政治理论家和哲学家汉娜·阿伦特下面这段话显然是正确的：

我们忍不住怀疑无私，或许更应该说，对他人的敞开心扉,是"人性"的前提条件。显然分享快乐绝对优于分享痛苦。快乐,而不是悲伤才是让人有谈兴的。真正的人与人之间的交流有别于那种仅仅只能令其中一方愉悦或关心其所谈主题的谈话或讨论。我们可以说,它必须与愉悦感相共鸣。("On Humanity in Dark Times: Thoughts About Lessing": 15)

可能当我们生病时,我们最需要的事情之一是友谊所带来的愉悦感,我们需要以愉悦感来维持友谊,而不是那种围绕着自己生病了的这种悲伤情绪。所以我倾向于说:如果你病了,向朋友寻求安慰,但记得是愉悦,而不是悲伤最能滋养你、你朋友和你们的友情。如果你能笑对自己的疾病,对你显然也会有帮助。

求生的愿望

有一个认真执行这些建议的人——我指的是注重愉悦和大笑,不管有没有朋友——那个人就是美国作家诺曼·卡森斯。在他的经典作品《疾病分析》中,他描写了自己在1964

3. 衰弱：身体上的挫折

年访问苏联后他得了一种非常罕见、基本上无法治疗又极其严重的胶原疾病。胶原是那种将细胞绑在一起的组织，而卡森斯发现自己的胶原组织正被降解。用他自己的话来形容，他"正在崩解"，(*Anatomy of an Illness*: 33) 他被告知只有五百分之一的机会恢复。考虑到医生也几乎不能给自己什么帮助，卡森斯主动要求出院，住进一家酒店。他读了很多医学文献，记得读到过负面的情感会对身体产生负面影响。他设想可能反过来正面情感会对身体产生正面的影响。他想知道"爱、希望、信仰、欢笑、自信和求生欲是不是有治疗作用"。(*Anatomy of an Illness*: 38)

卡森斯决定试一下。他放弃了医生给他的标准疗法，证据已经显示这种治疗对自己的伤害大于益处。他自己设计了疗法，例如每天吃大剂量的维生素 C（抗坏血酸），因为一些医学文献中提到某些患有胶原疾病的病人体内缺乏维生素 C。他还自己设计了一套计划来让自己开心，让自己笑：看喜剧片，如马克斯兄弟的影片。难以置信的是，他的身体症状开始好转。最后他基本上恢复了健康。

卡森斯觉得维生素 C 可能只是起到了安慰剂的作用。他

117

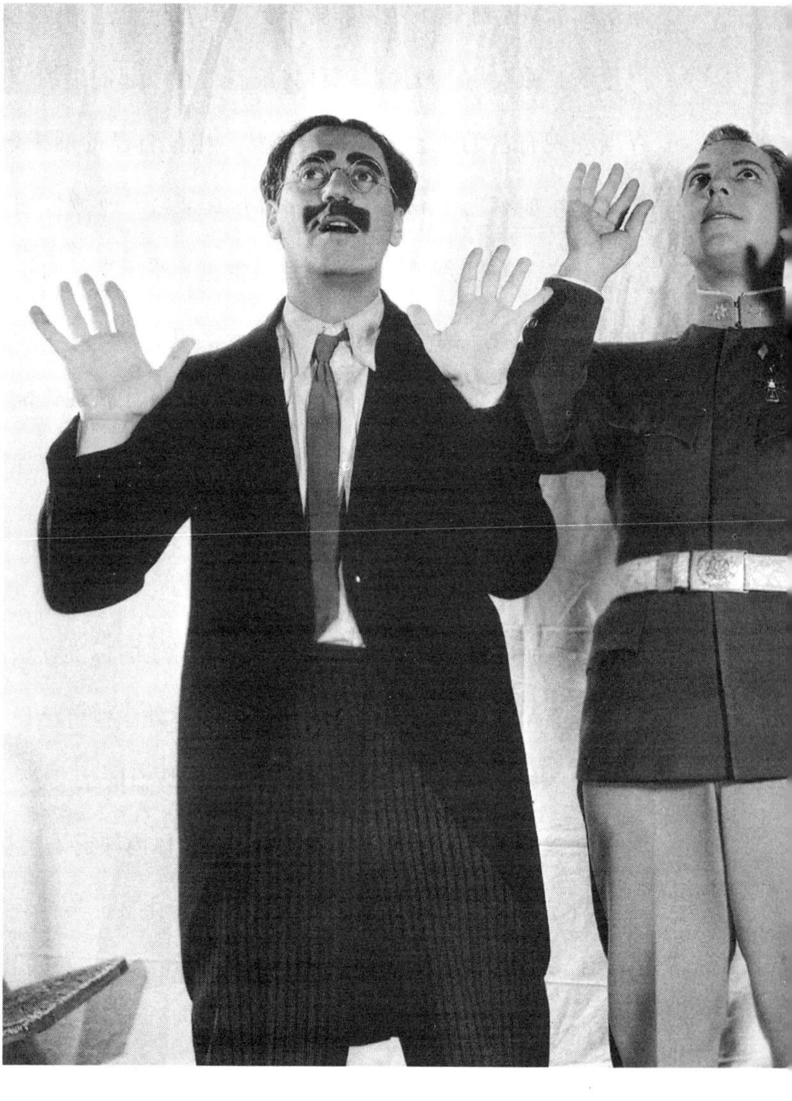

3. 衰弱：身体上的挫折

/ 笑话鸭汤比喝掉它可能更能帮助你恢复健康。

乐于接受这样的判断，因为它支持了自己主要的观点：他确信"求生欲并不是一个理论上的抽象概念，而是具有治疗效果的生理现实"，（*Anatomy of an Illness*：49）所以维生素 C 除了能让自己更正面地思考之外是否还有其他作用并无确切证据。而那种求生欲的证据，他不仅有他自己的例子，还举出了另两个人为例：帕布罗·卡萨尔斯，伟大的大提琴演奏家和阿尔贝特·施韦泽，神学家和医生。他说自己从那两位伟人中学到"那种充分培养的目标和求生欲是人类存在的基本要素之一。我相信这些要素可能代表了人类所能获得的最具潜力的力量"。（*Anatomy of an Illness*：79）

显然，卡森斯在很多方面都属于特例，不仅是因为他自己熟读医书。而且他的目的也不是抛弃现代医学所取得的巨大成就，或宣称我们可以抛弃医学。他也没有宣称如他所患的疾病是因负面情感而发生，或可被正面情感所治愈。他所相信的是压力可以降低机体对疾病的免疫，而良好的态度则可以增强这种免疫力。他关于我们现代西方人已经对于痛苦过于敏感，并因此过量服用药物方面的信念显然没错。他提出了一种健康的怀疑论，让我们可以"沿着智慧的方向前行，既不要胡乱吃药，也不要不负责任地忽视真正的症状"。（*Anatomy of an Illness*：101）这当然需要我们自己的智慧。但如果卡森斯是正确的，它也需要幽默感、发笑的能力，以及对生命的渴求和欲望，如他在卡萨尔斯和施韦泽身上所看到的"创造力、求生欲、希望、信仰和爱……对治愈疾病和维持健康起着重要作用。正面情感是能给予生命的体验。"（*Anatomy of an Illness*：96）对于我们所有人来说，这是一个很好的教程。

Dissolution; or, Adversity in Dying

4. 消散：濒死的挫折

4. 消散：濒死的挫折

我的父亲在我九岁时就与我母亲离了婚并离开我们居于英格兰西部，在我大约十七岁的那年，他开始觉得胃部发生各种疼痛。他的饮食一直不健康，医生让他改吃更健康的高纤维素食品，觉得他的问题是暂时的。症状有所缓解，但随后接着加重。我和弟弟一起在元旦前夜去看父亲，那时他已经病了几个月了。那天晚上，我们和他一起坐在他那面向河流的公寓的起居室里。父亲告诉我们自己快要死了。"看来，孩子们，我长了个东西，命不长久了。"他告诉我们说。这是他的原话，他的语气显得极为无动于衷，令我们至今难忘。他得了癌症。我不知道自己是如何回答他的。我不觉得自己非常吃惊，因为我们已经作好了听到坏消息的打算。他早早地上了床，我们留在起居室里，面面相觑，等着午夜和新的一年来临。我父亲没有对他的疾病采取任何积极治疗，只采取了一些保守疗法，第二年五月在绝症病人收容所去世。我为他能在明亮而温暖的春季离世并能够在死前坐在病房外的阳台上晒太阳而感到一丝安慰。

和所有其他人一样，我父亲也犯了很多错，但他走向死亡的方式让我感动，即使当时我只是个懵懵懂懂的青年。他面对自己生命终点时冷静、平淡，尤其是毫无自怜的态度让我至今依然对他无比崇敬。

在1784年，塞缪尔·约翰逊面临死亡，他患的是现在称为瘤腺体水肿的浮肿病，表现为体内组织液反常积聚。他知道自己不久于人世。水肿已经从胸口蔓延到了足部。他请他的医生威廉·克鲁肖把自己的腿割开让积液流出。约翰逊的传记作家之一瓦尔特·杰克逊·贝特写道：

> 克鲁肖怕约翰逊受不了，只在表面浅浅地划了一刀。约翰逊大声叫道："深一点，深一点；我正在试图多活一刻，而你却怕我太痛，我根本不在乎痛。"……过了一阵，当没人注意时，约翰逊在床边的抽屉里拿出一把剪刀，深深地插入自己的两条小腿中。结果却是大量的鲜血涌出……（*Samuel Johnson*：598-599）

和我父亲一样，约翰逊没有表现出任何自怜。但他绝称不上冷静，他的平淡是另外一种。两种死亡的方式不一样，但同样令人钦佩。没有一种好的死亡，或者好的方式死去。

但本章还是想提起一些想法来帮助我们面对自己的死亡，即便不像我父亲或约翰逊那么英雄气概，但至少也有一点点尊严。所以，本章试图为我们生命有限这一事实寻求一些安慰，也尝试发现较好的死亡方式。

有人死去

托尔斯泰的短篇小说《伊凡伊里奇之死》是你能想象得到的最有力地揭示了死亡的一篇小说之一。尤其是，托尔斯泰生动地写出了死亡的两个主题：首先，我们在想到自己死亡时的终极恐惧；其次，我们无法真正地想象自己的死亡：我们总是认为死亡是发生在**别人身上**的事。托尔斯泰对伊凡关于后者的描写十分精彩。在我们的阅读中伊凡从来就没有看出我们依照逻辑早就能导出的结论：从尤利乌斯·恺撒是人，及人总是要死的，得出结论恺撒也是会死的。托尔斯泰写道：

> 但他总觉得这个逻辑只有用在恺撒头上时才是真的，而肯定不适用于自己。有那个叫恺撒的人，以及很普通

的所有人，这逻辑对于他们看起来是合理的。但他不是那个叫恺撒的人，他也不是普通人……难道恺撒也有那个带着伊凡所爱的范尼娅好闻气味的小皮球吗？恺撒也会像他那样亲吻母亲的手吗？恺撒也能听到自己母亲衣服上丝质褶子嚓嚓作响吗？（*The Death of Ivan Ilyich and Other Stories*：193）

托尔斯泰这段文字的出色之处在于他描写了那种我们都有的对自身经验的强烈感受，而无法想象以外来者的角度看待自己。显然，从现象学的角度看，我们可以感受到，对于一个人，其世界就是他或她自己的世界。我当然知道自己和无数其他人共享这个星球，这个世界的真实性也远超我的经验。但是，对于一个死去的人，结束的不仅是**他**的世界，而是对于他来说的**整个**世界。**我的**世界就是**整个**世界，因为所有逃过我意识的东西并不存在于我的世界之中。对于我来说，那些只是空白。而我所说的超过我意识而存在的事物，它们以这种方式超越了我的存在，在我的经验中，它们在我之外，同样在我的知识和感觉上也不为我所知所感，在这个意义上，

4. 消散：濒死的挫折

它们不能算**完全**未知——它们成为**我的**未知。

不止如此，还有一种感觉是**我创造**了我的世界。我的价值观、需求、渴望、希望、恐惧、欲望等等都引导我以特别的方式解释这个世界。普鲁斯特提出每个人都是一个只属于他或她自己的独特未知国度的居民。在生活中，我们意识到这个世界，但无法表达这个世界是怎么样的，但我们只能看到这个**自己的**世界，因为我们的起源不是这个现实世界，而是那个独特的未知世界。只有艺术家才能表现他们自己的世界，感谢他们，让我们以新的方式看到了这个世界。这也是我们为什么会说某些小说家、剧作家等等可以为我们**创造**了一个我们可以走进去的世界。

我并不是要对个人主义进行任何道德上的评判。我只想抓住我们如何体验这个世界的一个主要方面，也就是从现象学的角度谈论体验。我觉得，当我们在将我们自己死亡和他人死亡进行比较时，才能更清楚地看到，对于我们每一个人，所有事物只是存在于我们自己的世界里而已。如果别人死了，不管我们是如何喜欢或爱那个人，生活还会继续，世界依然存在。如果我们自己死了，那么——什么都没有了。

因此，哲学家路德维希·维特根斯坦评论说："死亡并不是生活中所发生的一个事件。我们并不能活着经历死亡。"（*Tractatus*：6.4311）这不仅是因为在死亡的另一边什么都没有，更是因为想象一个人自身的死亡其实总是从别人的角度在想象。就某种意义上说，维特根斯坦的意思是死去就像入睡：没有什么东西在里面可以被描述，因为入睡的经验是空的——除非是那种疲惫至极，但在床上辗转反侧努力入睡的体验。而睡眠到来的那个瞬间是无法从内部描述的，只有当我们醒来时能感觉到一些东西，而那也只不过是一种幻觉而已。

当然，有些人相信自己在死后可以苏醒。他们相信死后生命接着延续——比如和上帝在一起。我在这里的讨论并不基于这个假设。我相信正是这种我的世界的结束也就是整个世界的结束让死亡变得如此可怕。

"死亡对我们没有什么影响"

在古代，伊壁鸠鲁和卢克莱修谈论过关于一个人的世界结束了意味着整个世界的结束这种想法，并提出，其实，我们不必害怕死亡。理由如下：如果我们活着，死亡就没有降

4. 消散：濒死的挫折

临，当我们死去时，我们并不存在也无法体验任何东西。所以，如果把死亡看成对于我们是坏事，一种厄运，那就是错误地假设了我们死后依然存在，因此能够体验这种痛苦。但事实显然并非如此。因此，据他们所说，死亡没有什么可以害怕的，因为一旦死神降临，我们什么都不会感觉到。从这个角度看，死亡并不是什么坏事。

大多数人觉得这个论证并不令人信服。对于他们来说，问题在于，这个论证忽视了我们对如托尔斯泰所描写的那种自身经验的珍视和依赖，死亡依然是一件坏事。即便当死亡降临时，我已不在人世，无法感知，但死亡对我依然是一件坏事，因为我想要我的经验以及**我对世界的感知**能够持续下去。虽然生活有时令人厌倦，但即便生活极其可怕，死亡依然是坏事——可能是两害之中较轻的一个，但依然是坏事。

这并不意味着，我们不能从自己的生命有限中寻求安慰，或者我们无法以优雅和高贵面对死亡。

死亡和真实

我的一个朋友最近被诊断为患有乳腺癌。在我们的一次谈话中,她说了一些话让我印象深刻。她说看到诊断书时,她感到一种放松,因为这个诊断让自己面对现实。她所指的是她可能的死亡,让自己以前一直是抽象的想法变得真实了——即,自己是会死的。虽然我们都知道自己会死,但我们并没有真把这想法当回事。这是一个被我们压制的真实,我们知道它,但并不接受。我的朋友被迫去接受这样一个事实,去体会作为一个脆弱的人类最后总是要死的这么一个现实。这种对于她自身存在真实性的接触于她是某种形式的安慰。并不是说她在面对死亡时不害怕,或者她乐于患此绝症,而是那种面对真实在当时当地在她的生命中向她展示了一个她一直知道,但又视而不见的东西。

因癌症于 2011 年去世的英国工党策略师菲利普·戈尔德的反思提供了另一种看待死亡的视角。戈尔德就自己被诊断为癌症并知道自己来日无多的体验写了一本名为《我将死去》的书,并与摄影师艾君·司登合作制作了一部同名短片。他的反思展现了他如何接受自己的经历,甚至在其中思考、快乐和喜悦、如何学会接受死亡,真实地面对死亡。"只有在你接受死亡时,"他写道,"才能把自己从死亡中解脱出来……

4. 消散：濒死的挫折

接受是关键。"在接受死亡时，他说"你获得了自由……力量……勇气"。(*When I Die*: 118)而且，戈尔德显然意识到最重要的是能够不仅看到自己面临的现实，还有他即将到来的死亡让自己与世界重归于好。他说他觉得自己和世界融为一体，作为世界的一部分，强调了生死的延续和统一。

这在影片中他所说的两件事中表现最为明显。在他未来的墓地前，他说想到自己的死亡并不悲伤。这个墓地将成为"活着的和死去的人共处的地方"，会有人来看自己和其他埋在这里的人，"这是个很好的主意"。同样重要的是下面的评论："我看到我的孩子们出生……我看到了那个时刻所伴随的**难以置信**的潜力。当我父亲去世时，生气从他身上离开，这与生气进入我女儿体内一样有力。"戈尔德所感受的是死亡是生命的一部分，事实上，从生命一开始就带着的一部分：这里就展现了对死亡的接受，自然界无穷无尽永不停止的循环，以及戈尔德相信只有接受自己在这个循环中相应的位置才能接受死亡。

为什么这种接受可以让我们从对死亡的恐惧中解脱出来呢？这里面到底有什么奥妙？我觉得答案是这样的：我们整

个生命的大多数时间都处于那种自我保护和自我防卫的状态中。我们所有的一切本能、需求和欲望引导我们寻求自身的安全、自我的发展以及保卫作为自己的存在。小说家和哲学家爱丽丝·默多克在她的《利益的主权》中谈到"臃肿且不知疲倦的自我"(*The Sovereignty of Good*: 52),她认为我们的所有行为——从最有条理地安排我们的每一天(工作、休闲、假日、计划等等)到更普遍地安排我们的一生(职业、婚姻、孩子)——只是反映了并服务于那种意识之外的以自我为中心的自我关怀。这并不是说我们都是自私的:理所当然,你的利益也可以属于我所说的决定我之所以成为我自己的一部分,也需要保护。关心别人并不是伪装了的自我保护,而属于那种一个人觉得另一个人对自己很重要。并使自己的生活更有意义,更值得保护和维持的范畴。在戈尔德的例子里,在即将到来的死亡面前,这种无休无止的自我关心退却了,因为在这种状态下已经**没有什么需要保护**了。这也意味着自我可以把自己向整个世界打开,以一种平时几乎不可能的方式接受这个世界。这是喜悦的来源,其即刻表现出来的解脱仅仅是这种喜悦的一小部分而已。这就是为什么戈尔德说自

4. 消散：濒死的挫折

己在生命的最后五个月中获得了比之前好多年所得到的快乐和喜悦还多。所以，在戈尔德的例子里，那种自我的真实感、其生命有限的意识和整个世界的真实面貌——真正**看见**世界本来，或许是第一次——聚到一起。这种真实、世界和死亡的交互作用，这种以此姿态看待外界的可能性存在的感觉，我认为是可能帮助我们以较少恐惧面对死亡，可以把死亡看作不只是无法避免的损失。它依然是一种不幸，但戈尔德和我那个朋友这类例子告诉我们，这并不是唯一可能的视角。

我觉得我们可以这么说。因为现实、世界和死亡的概念以我们从戈尔德的例子中所见的方式交汇到一起，我们可以认识到死亡实际上是我们认识自己和世界的中心概念。换句话说，就像许多哲学家曾经说过的那样，我们的生命有限性是我们认识世界现实的关键。如果我们真的可以永生，我们会失去了那种能让生命有意义的东西。因为这个原因，死亡并不简单地只在生命终结时出现，而是伴随着整个生命。在这个意义上，我们的整个生活都伴随着无处不在的死亡。活着就是死去，而死去也就是活着。这就是为什么我用**消散**做本章的标题：我们的生活就是一种消散的形式——即死亡的过程——并在死亡真正到来的那一刻达到高潮。每时每刻，我们都在走向死亡。因为这个原因，海德格尔说我们**死亡**（*die*），而动物**死去**（*perish*），因为它们与死亡的关系与我们不同。

但我们一直自我压制这种关于消散的想法，因为我们惧怕死亡。戈尔德提醒我们应该寻求在了解这个想法的情况下生活，只有这样，我们才能与我们的生命和死亡和平共处。通常情况下，就算可以，我们也只有在生命的终点做到这样。但他鼓励我们不要等那么久。如果我们现在就可以做到的话，我们或许对死亡就不会那么害怕。

当然，无可避免地，我们最多只能部分实现这个目标：这种意识就是在那些最清醒地认识它的人脑海里也是时明时暗。即便如此，有些人，当他们面对死亡现实时会有片刻产生于戈尔德相同的体验。例如，我有一个朋友，在二十三岁时被告知自己得了癌症。她所感受到的恐惧伴随着她对到生命无比丰富的清醒认识：蓝天、鸟鸣等等。她告诉我她觉得自己必须无论如何保留这种感觉。事实上，那次实际上是误诊。但直到现在，多年以后，她有时还会想起那个时刻，明白自己当时所学到的重要感受，并为自己不能一直保持那个短暂片刻对生命的看法而遗憾。如果你也有过同样的经历，或许你可以利用那种想法和感受让自己感悟到生命更为紧迫，因为你有了对死亡更紧迫的感悟——反之亦然。

遗憾

从某种意义上说，戈尔德是幸运的：他在那些他所爱的和爱他的人们陪伴之下离世，在物质上也算舒适，身边有医生的建议和照顾，当然有疼痛，但并不是一直剧烈到无法思考。而且，他去世时已经六十多岁了，不算特别年轻，活过了一个丰富多彩的一生。

但有些发现自己将要死去的人可能处于相当不同的境地：如果他还年轻，他可能会觉得自己的生命是一种浪费，或错过了很多机会，或者，无论是否年轻，他可能会觉得自己的生活一团糟，并为这种想法感到无比遗憾。的确，伊凡·伊里奇的例子就是如此，当他躺着面临死神时，他看到自己生活在谎言之中，自己的生活就是一个错误。一开始恐惧、遗憾和惊恐占据了他，但即便在这个例子里，伊凡还是找到了

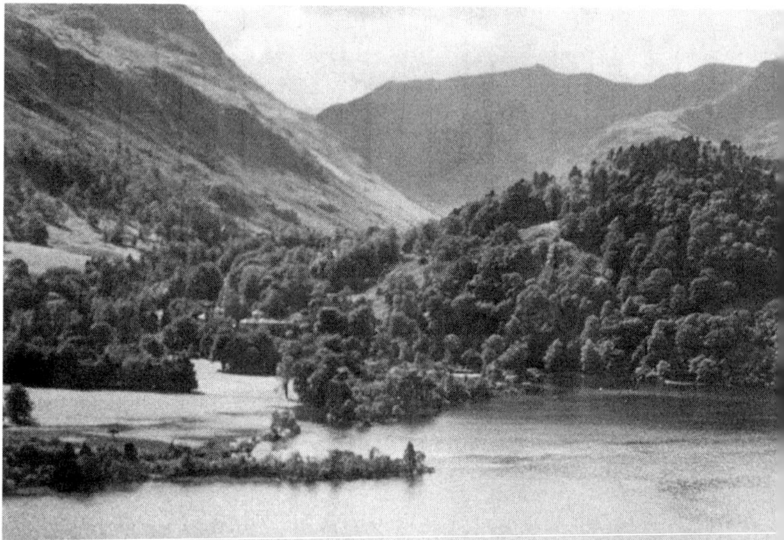

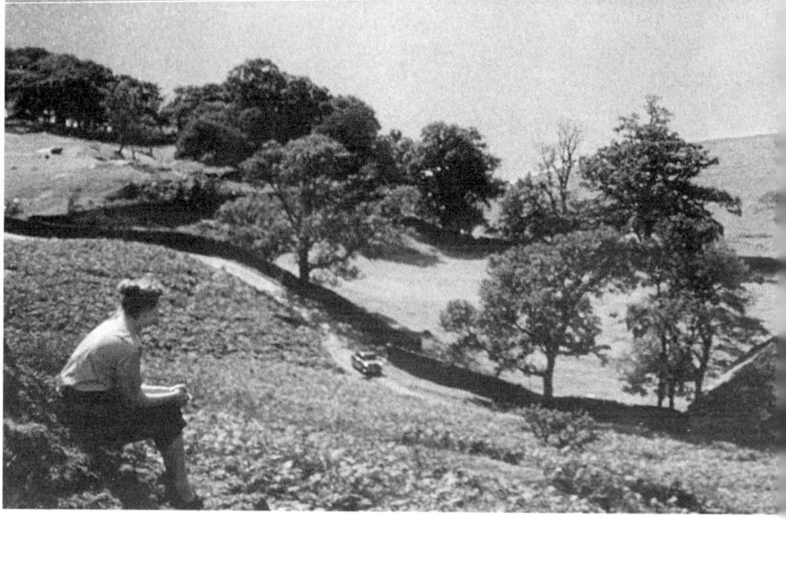

4. 消散：濒死的挫折

/ 当你真切意识到自己生命短暂时，生命将向你展示其全部力量。

安慰：他即将到来的死亡迫使他第一次诚实地面对自己的生活。他最终意识到自己把整个生命活在别人的眼里，接受别人的价值评价和趣味，而从不怀疑这些判断是否真是**自己**的。他的生命没有深度，没有严肃的反思和自省。他从没有留意过那个德尔菲神谕："了解你自己。"当他终于意识到这一点时，他获得了些许安慰，至少自己多少窥见了自己一生的真实面貌。

普里莫·莱维在他的《元素周期表》一书中生动地描绘了这种面临死亡时的遗憾感觉。在自己被法西斯党人逮捕之后移送至奥斯威辛之前，他被关在小房间里并接受讯问。他相信自己会在讯问结束后被杀死。他写道：

> 在那些我还算勇敢地等待死亡的日子里，我有了一种对一切东西的强烈欲望，包括所有可以想象得到的人类经验，我诅咒自己以前的人生，看起来我从来没有好好地利用它，我感觉到时间正从自己的指间流走，从我身边一分钟一分钟地溜走，就像无法阻止的出血。(*Il sistema periodico*: 141)

4. 消散：濒死的挫折

当时莱维只有二十出头，按他自己的说法，是个羞涩而笨拙的年轻人，天真而又胆怯于外部世界。但不管他如何感到遗憾，他还是以相当的勇气和高贵面对自己死期将至的想法。展现这点的不是他所说的内容，而是他叙述的**方式**——文字的**语气**和**风格**，他的读者无不折服于他文字的清晰和明智。如果我们想要考虑自己面对死亡时该采取什么态度或者如何在自己短暂的生命中找到有价值和意义的东西的话，可以从中学到重要的一点：那就是，这里，以及人生中其他很多地方，重要的往往不是**做什么**，而是**怎么做**。没有别人可以替我死。这是一个人绝对独立或孤独的事件，不管一个人可以受到什么样的临终关怀或类似照顾，最后我们只能独自面对死亡这一终极感受。这也是死亡之所以显得可怕的原因之一。从中我们可以看到人类无与伦比的平等，虽然每个人的死亡可能是独特的：我们都会死，但我们每个人又独自死去。面对自身的死亡，每个人都必须找到自己的方式，自己的**风格**，事实是，虽然没有一个公式可以参照——但看看别人如何面对他们各自的死亡对我们或许也有帮助。

比死更惨？

说到底，莱维意识到的是世上还有比死亡更糟的事，这个想法可以帮助我们面对自己生命终结。

莱维很了解古代哲学家们对死亡以及对于死亡的恐惧很感兴趣。他们认为不怕死是美德的一个中心价值，他们甚至认为学习哲学就是为死亡作准备，因为哲学需要将意识脱离身体，因此与死亡相似，可作为针对死亡的准备。

蒙田在他的随笔《借哲学来学习如何死亡》中总结了这种克服死亡恐惧的智慧。他描述了死神征服我们的很多种不同方式——他给了一个例子是关于他自己兄弟的，在打网球时被球击中右耳上方，"五到六个小时后……因此次击打引起的出血而死"——来提醒我们自己可以在几乎任何时刻死亡，因此我们必须对此作好准备。

他给出了好几种建议。他告诉我们应该以经常思考死亡的方式剥夺死亡的神秘感，哪怕在享乐时也要想到死亡，他以赞同的口吻描写古埃及人："在他们的宴会和庆祝仪式中间……会带入一具骷髅来作为对客人的警示。"他告诉我们

4. 消散：濒死的挫折

应该像他一样，在读书或与人交谈时，留意别人是怎么死的，以使自己可以以那些英勇而死的人为榜样。"教人死者教人以生"，他以其典型的简洁风格评论道。蒙田所指的正是我们已经看到过的生命本身就与死亡紧密联系，整个生活就是朝向死亡前进的过程。"你所享受的存在本身就是由生命和死亡同等组成的"，他写道，并在自然中形成"互相交织的万物"的一部分。因为我们在活着时就在不停地死去，所有人"活着，就是剥夺生命，以生命为代价生活。"（*Que philosopher, c'est apprendre à mourir*: 131-138）蒙田建议我们将自己看作生死循环的一部分，自愿释放那些慷慨地暂借给我们的东西。他还建议我们试图从永恒的角度看待我们自己的个体生命。他说，想想那些只能活一天的微小生命：对于我们来说，这些小生命死于上午八点还是下午五点没有差别，同样，从无限的角度看我们的生命长或短也没有区别。

并不是每个人在寻求面对死亡时的安慰时都会发现以上某个甚至所有论点对自己有帮助。但我还是建议你们考虑一下这些论点，看看它们能不能对自己有一点点帮助。就像我前面介绍过的莱维，他就不认为哲学反思的正确目标是死亡。

在他的《这是不是个人》一书中,他提到了在奥斯威辛集中营中"人的毁灭":将人类降低到动物的状态,他这么说,这个过程包括剥夺囚犯们所有的财产、脱光他们的衣服、让他们公开排泄、剃光、以号码代替他们的名字。莱维将这些看作对人性的毁灭,惊讶于这种毁灭发生得如此之快和如此之轻易,他写道:

> 我们的个性是脆弱的,与我们的生命相比更危险;古代先哲们,与其劝诫我们"记得你会死",不如提醒我们这种威胁自己的更大危险。(*Se questo è un uomo*: 48)

蒙田认为害怕死亡的中心原因之一是每个人都难逃一死,而其他不幸则不是这样无法避免。他是对的。既然这是个事实,我们最好和蒙田一样以他所建议的方式为我们的短暂生命寻求安慰。但另一方面,我们也会觉得莱维的观点为我们的生命短暂提供了慰藉,因为我们意识到死亡并不是我们所可能经历的最悲惨之事,即便它无可避免——但人性的毁灭,谢天谢地,是可以避免的。这样的话,我们可能可以

4. 消散：濒死的挫折

更好地面对死亡，如果我们能意识到我们的一生尚没有受到更糟糕的厄运所摧残，我们将对自己的生命产生谢意，并觉得死亡不是那么可怕。至少，莱维的想法，或者我从他的著作中推论出来的部分，与蒙田的思想在此处殊途同归，因为蒙田也认为如果我们过了一个幸福的一生，那我们应该对此感恩，以离开宴会的方式离开人世——饱食而满足。蒙田还接着认为，"如果你没有学会如何利用生命，生命对你毫无用处，你失去它也没什么大不了的。"（*Que philosopher, c'est apprendre à mourir*: 139）。如果，休谟以他一贯的简洁说法提出我们都有一种倾向："既抱怨生命短暂，又抱怨其空虚和悲伤——这就是人类苦难之大，它居然包含着如此的自相矛盾。"（*Dialogues and Natural History of Religion*: 100）——那么，莱维和蒙田以他们不同的方式寻求为我们打破这种矛盾，让我们对自己所拥有的心生感激，并在最后时刻到来时更好地放手。死亡的答案在于如何活着。

死亡的状态与死亡的过程

至今我还没有明确区分死亡自身，也就是死去这一事实，

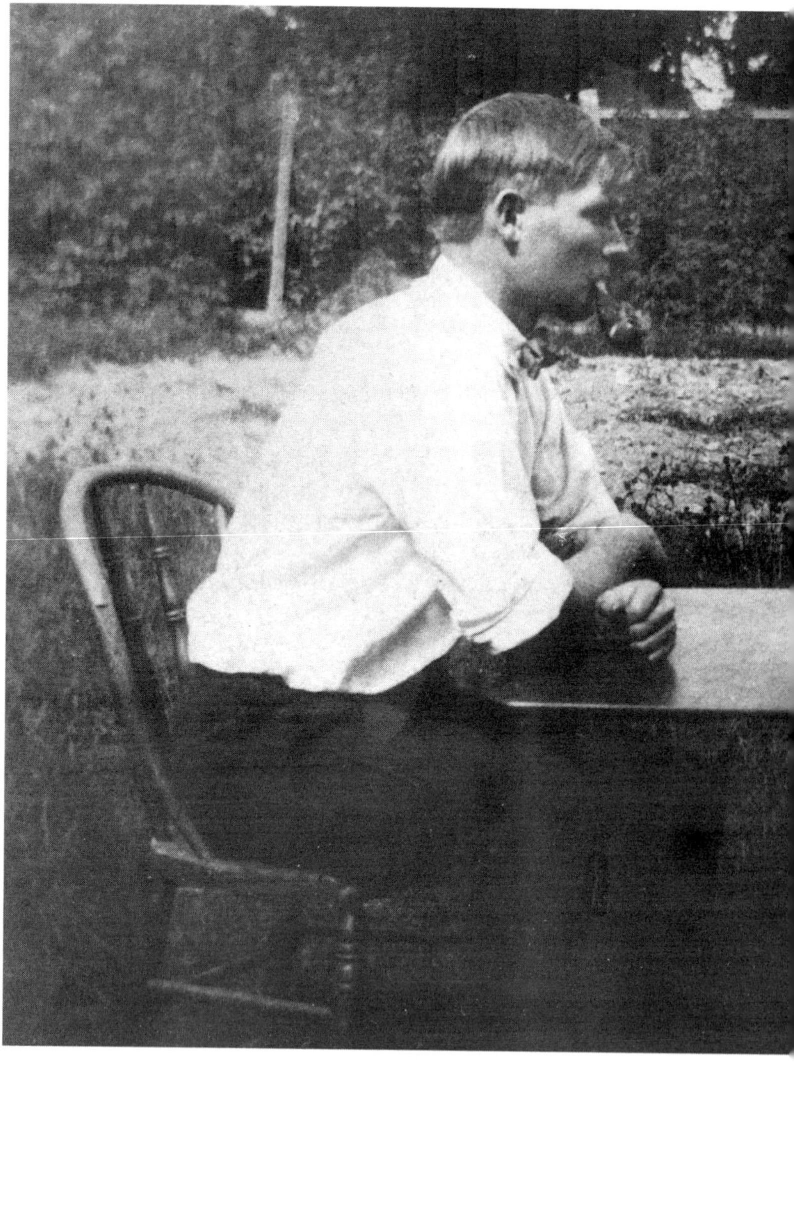

4. 消散：濒死的挫折

/ 思考死亡或许可以将我们从对它的恐惧中释放出来。

与死亡降临时的过程——身体的生理崩溃。这个区分还是很重要的,因为有可能某些人害怕其中的一件事而不是另一件。例如,西蒙娜·德·波伏娃在她关于自己母亲的最后数月的书《非常轻松的死亡》中有一处写到她外婆和父亲面对死亡的表现。"我的外婆,"她写道:

> 知道自己不久于人世,她很愉快地说:"我准备最后吃一个白煮蛋,然后我就可以去和古斯塔夫重聚了。"她从来没有为了活下去而付出太多努力。在八十四岁高龄,她愁眉苦脸地过着无聊的日子:死亡并不让她难过。(*Une mort très douce*: 107-8)

对于自己的父亲,她如此写道:

> 他没有表现出胆怯。"叫你母亲不要请神父,我不想搞得像滑稽戏似的。"他对我说。他给了我一些关于实际问题的指点。他在经济上破产、穷困潦倒,以外婆接受天堂一样的平静接受自己一无所有。(*Une mort très*

douce：108）

毫无疑问，这两个人都有理由以他们的方式迎接死亡，那种理由来自于他们各自生活中的委屈。每一个人的生活都在某些方面带有委屈，然而，德·波伏娃认为两人都很勇敢。和菲利普·戈尔德一样，他们并不害怕死亡，那个死去的状态。所以，我们必须自问的一个问题是我们到底是害怕死亡本身，还是死亡那一刻。除非我们在这个问题上诚实面对，我觉得，我们无法摆脱这种恐惧感。我们只有靠自己来思考这个问题。

德·波伏娃的母亲死于癌症，既害怕死亡本身，又害怕死亡降临这一刻。虽然她信天主教，但在那可怕的病程中她并未寻求神父的帮助，也不祷告，德·波伏娃的解释是在她母亲看来，祷告是"要求灵魂处于关注和反思的状态的练习"，(*Une mort très douce*：107）因此会令她更为疲惫。德·波伏娃接着写道：

她知道自己应该对上帝说："医治我。但你会做到的：我接受死亡。"但她不接受。在这个真相显示的时刻，她不愿意说不真诚的话。即便如此，她也没有赋予自己权力进行反抗。她只是保持沉默："上帝是好的。"……无论如何，母亲既不怕上帝，也不怕魔鬼：简单地离开了世界。(*Une mort très douce*：107)

即使她曾有过"快乐"的时刻，有时候，会"与自己和平相处"，她最终还是"在这张濒死的床上"找到了"某种幸福"。(*Une mort très douce*：71)这并不是暗示她没有经历可怕的疼痛。这仅仅显示，除了那些疼痛，她在死亡的过程中找到了一些正面的东西。在她的例子里，德·波伏娃认为，是因为她第一次毫无顾忌地把自己完全交给自己的欲望与快乐。

所有这些都没有否认许多人的死亡悲惨而充满痛苦，即便他们生活在这个世界发达而富裕、拥有良好医疗服务的地区。这些只是说明，如果我们幸运，如果我们能够向这种可能性打开自己，即便是死亡的过程也能让我们有所收获。我相信这种幸运的关键点是他人给我们的爱和友谊。如我先前

4. 消散：濒死的挫折

所说，在死亡上，我们只能孤独面对，但他人的爱可以让我们减轻这种痛苦。

在思考为什么她母亲的信仰不能在她死亡时给她以安慰时，德·波伏娃比较了宗教所可能给予的永生和那种自己作为作家所形成的名望而给予的永生。她说："宗教对我母亲的安慰并不比那种我自己死后成功的希望对于我的安慰更多。不管人们把它想象成天上的还是凡俗的，永生并不能对一个寄托于自己生活的人的死亡带来慰藉。"（*Une mort très douce*：108）她所指的是，不论是宗教还是别的什么所提供的永生并不是在这个人世间的永生，对于某些宗教信徒来说，可能他们所需要的是后者——或者，即便不是永生，至少是更长的生命。当然，不信教的人可能也希望如此。伍迪·艾伦以他典型的滑稽方式表达了同样观点："我不要从我的作品中获得永生；我希望以不死的方式获得永生。"当他被问到是否愿意继续活在别人心中时，他回答："我愿意继续活在自己的公寓里。"（*The Illustrated Woody Allen Reader*：250；259）

一个人是否能从自己活在别人的心中找到慰藉可能取决于他的性格。在现代社会中令这种想法变得更困难的原因之一是死亡已被剥夺了宗教仪式的特性而被移到了我们生活的边缘：与以前的时代不同，死亡已经不是我们生活中永远的存在。我们已经创建了一个没有死亡位置的世界。德·波伏娃回顾当她母亲垂死地躺在医院里时自己在商店橱窗里所看到的东西，生动地展现了这点：

> 香水、裘皮、内衣、珠宝：世界充满奢华的自大，而死亡无处容身。但它躲在这表面之下，在诊所、医院、关着门的房间里那隐秘的灰色之中。除此之外，我不知道还有什么更真实的了。（*Une mort très douce*：92）

我们在大多数时间对死亡视而不见，这就是为什么那些像戈尔德那样写下自己所经历的死亡时一遍又一遍地强调诚实对待自己——看到死神临近的重要性。这种诚实不能打败死神，戈尔德说，但它却可以提供自由。在托尔斯泰的笔下，伊凡也是只有到最后承认了自己正无计可施地走向死亡时才获得解放。

无论如何，的确**存在**一种死者永生的感觉，我并不是以

4. 消散：濒死的挫折

任何迷信或字面上的意义来表达这个论调。比如，我知道我的父亲——他的所作所为，以及他如何度过了自己的一生，起起落落——常常在我思想与感觉中出现，我至今依然从他的生活方式中学到很多。阿兰在《关于幸福的思考》中写道：

> 死者并未死去，如此显然，因为我们活着。死者依然思考、说话和行动，他们能够建议、希冀、赞同、指责。所有这些都是真实的。但我们必须学会听到它们。所有这些都在我们里面，一切都真实地活在我们内心。
>
> （*Propos sur le bonheur*：143）

如阿兰所说，如果我们仔细倾听，探访墓地可以让他们再生，因为死者有那么多东西要告诉我们。而且，我还要加一句，通常来说，死去的人们，包括那些我们不认识的，无疑可以在每个人的内心世界，在他的思想和感情上起到很大作用。通过书籍、电影、照片、音乐等等，他们同我们说话，如果我们能仔细聆听。在一次访谈中，作家 W.G. 塞堡德很高兴自己被称为"猎鬼者"，他的作品出色地表达了仔细倾听死者的努力。他说:"我脑海里一直有这个声音……这些人(死者)并没有真正离开,他们只是在我们生命的某处盘旋,并不时下来作个短暂的访问。"("Ghost Hunter":39)在他的作品中,塞堡德教我们如何聆听。如他在另一次访谈中所说:

> 我所努力争取的态度——这是每个人必须学会的——是哀悼。不是那种情感上的,而是那种完全意识到所看到的是失去的东西:一个身体、一个社会、一个国家、自然界的一部分,或不管什么。("Eine Trauerhaltung lernen":115)

当然,虽然塞堡德在这里所说的不仅仅是人类个人,我们显然可以把他所说的更狭窄地应用于死者之上。如我前面说的,他的作品追求让我们更关注他人。它们之所以有这种力量是因为它们以一种悲悯的爱无限聚焦于个人生活的细节,以及所涉及的人物之所以成为这样的缘由。塞堡德自己于2001年去世的事实也增加了我们可以从他那里学到的素材:他是个谈论鬼魂的鬼魂,一个死去的说死者的故事的作家,

4. 消散：濒死的挫折

以这种方式，他邀请我们通过拉着我们观察自己作为无可避免的循环中的一部分的死亡及其恶作剧般的美丽，以此方式降低我们对死亡的恐惧。

我在前面说过，一个人是否能从此类反思中找到对其自身死亡的慰藉可能取决于他的性格。但如果你能在其中获得慰藉，如戈尔德所建议的，类似于与已经死去的人建立联系。死去就如同进入了那些已经死去的人们的领地，像是与他们重逢。无论如何，我发现这种想法具有安慰性。大多数我崇敬的人都已不在人世，我感觉到，如果我死了，我能加入他们一起，不是字面上的那种意思，而是那种感觉，那样我就被与他们归为一类。并不是只有我才有这种感受。德·波伏娃在谈到关于自己母亲的疾病和死亡时，说起葬礼，她与妹妹坐在灵车上，她看着装着自己母亲遗体的棺柩。德·波伏娃描写她妹妹当时所说的话及自己的评论：

"唯一能够安慰我的是，"她对我说，"我也会往那个方向走。如果没有这点，人生显得多么不公平！"是的，我们在进行我们自己葬礼的盛装彩排。（*Une mort très douce*：117）

德·波伏娃的妹妹的情绪未必与我关于和死者团聚的感受完全一样，但它显然也展现出一种与死者的独处或会合。它表达了类似于与死者重聚的感受，而且显然她的妹妹以某种公平的方式来看待这种想法。我不知道这是不是会令她更好地对待自己生命的暂时性并将这种短暂性更和谐地融入她自己的生活，但显然具有这种可能。

我对于这些事情的理解也是这样：那些我所崇敬的人们，那些死者，都达到了某种成就——确切地说，他们的死亡。这给了我一种有力的感觉，如果他们能做到这点，我也能。我觉得既然他们都做到了这一点，那么它应该也不会**太坏到哪里去**。我在这里想到，在我的一生中，每次面对一些困难的挑战觉得害怕时，最后事情都比自己想象的要容易。我总是惊讶于人类面对困难所表现出了的坚韧精神。戈尔德谈到自己的癌症治疗时说，在治疗开始前，他总觉得自己肯定无法应对。但他最后还是坚持了整个疗程。后来他又被告知将永远无法正常进食，他也适应了。"然后你就意识到——不管他们扔给你什么东西,你都能从容应对。"他甚至也应对了自己"无穷无尽的疼痛"。(*When I Die*:121;122)他没有在任何意义上享受这种疼痛,他希望能尽可能地减轻它,但疼痛的确第一次给了他机会了解真正的疼痛是什么样的,也因此理解了别人的痛苦。在这个意义上,疼痛也将他在世界前打开。

态度的变化

我们在现代知识分子世界中过于强调个人的安定。这当然带来了很多好处,但它也与其他因素如社会世俗化和医学进步等一起让我们无疑在忍受痛苦方面比以前的人们差了好多,也让我们对死亡更为害怕。威廉·黑兹利特在他的随笔《论对死亡的恐惧》中批评了现代生活的这个方面。关于在我们现代文明世界中抓紧生命不愿放手的倾向,他评论过去的人们:

> 将自己投入到战争的起落和危险之中,或者将所有的一切投入到一次大赌博或某场感情之中,如果他们得

不到回报，生命就变成了负担——现在我们最大的热情是思考，我们最大的娱乐来自读读新的剧作、诗歌、小说，这些我们可以在闲暇时光和完美的安全环境下进行的活动……充满刺激和危险的生活能降低死亡的恐惧。它不仅给我们承担痛苦的堡垒，还以我们生活中的每一步危险教会我们保持自己存活的意义。("On the Fear of Death": 479-480)

J.P.斯特恩在谈论一些当代状况时这么说，"我们抱怨，因为我们生活在一个'心灵衰退，感官迟钝，惯例和商业、公民服务与知识分子禁忌之类取代了英雄主义和冒险精神'的年代"，(*Idylls and Realities*: 37) 当然，过去的人们也害怕死亡，但安定并没有被视作具有超过一切的价值。在追求善行的过程中，死亡本身可能被认为是值得付出的代价。我们现在不再这么看待事物，甚至在忍受那些剧烈而又无意义的疼痛时，我们感受到可能好死胜过赖活。即使在我们提起英雄般的死亡，例如在战争或其他需要勇气和英勇的行为中，我们还是把这种死亡看成例外来证明我们的普遍态度。我们

4. 消散：濒死的挫折

很难理解尼采的名言"浪费精神"，那种挥霍一切的气度。因为我们对个人安定看得过于重要，我们不再理解过去那些人物以生活在自己能力的极限的方式挥霍自己的生命，他们不停地推动自己，冒着自我毁灭的风险，当然，在这个过程中，他们可能也常常冒着毁灭他人的风险。一个例子，我已经举过了，是安东尼和克利奥帕格拉与他们无与伦比的自我主义。奥地利作家斯蒂芬·茨威格的作品里充满了这些例子——事实上，他的作品从很多方面看就是这些人物死去的挽歌，或者是对于这种行为在现代社会越来越难以出现的挽歌：麦哲伦、巴尔扎克、卡萨诺瓦及许多其他人。

当然，我们不能过于夸张，现代也有例外，例如在艺术或运动方面，即便在这些领域，关于存在的官僚主义也已侵蚀到了生活中的这些部分，它们已被过头职业化和被管理起来。想象我们可以回到过去那样生活肯定只是一个浪漫的空想。然而，尼采的关于挥霍的精神主张中提到如何建设性地看待死亡，而非单纯地害怕。那就是我们可以更应把自己的生命看成一种冒险或征服。过于注重将我们的外在生活安排得尽可能安稳会使我们忘记，我们可以为自己的内心生活安排一场最出乎想象的探险，我们获得可以比自己所认为的大得多的挑战。我们的内心生活可以更像黑兹利特想象的那样，成为一种充满刺激和危险的生活。我们无止境地追求快乐和内心深层拒绝包括悲伤、失望、损失等等在内的痛苦为我们高效地扑灭这种可能性。这是完全正常的，因为我们的内心隐秘地——有时候也未必隐秘——怀疑，或想象那些东西在现实世界里并无存身之地。赫尔曼·黑塞在他的小说《盖特露德》开篇第一段中就详细描述了一种不一样的可能性，更接近于黑兹利特眼里的生活：

当我从外面回顾自己的一生，它看起来并不特别快乐。然而，虽然我犯了不少错误，如果要我说它不快乐，更没有道理。现在生命快结束了，讨论它到底快乐还是不快乐有些愚蠢，看起来好像让我放弃那些不快乐的日子反倒比放弃那些全是欢乐的日子来得更难。如果人的一生的任务是事先洞察一切地接受无可避免之事、完全地体验生活的起起落落、并在外部目标之外再征服一个更真实不带限制的内心目标，那我的一生就一点都不坏。

4. 消散：濒死的挫折

> 如果我的外部命运如同对其他所有人一样辜负了我，那是无可避免的，出于神的旨意，但我内在命运全在我自己，我觉得只有我自己可以承担这个责任。(*Gertrud*: 7)

我们又回到了死亡是生命天性的观点。如果你能以黑塞所表达的方式看待自己的生活，你可能发现死亡并不像那站在生命终点等你那么可怕，而是一种你努力后获得的、**争取得到的**、对你有意义的东西。不论它是突然造访还是慢慢到来，你可以把死亡变成全属于你自己的，因为你将它视作你自己生命的一部分，你每天**生活**中的一部分，如同你可以在外部命运之外，平行地为自己塑造一个内部目标，将它和那些降临在你身上的一切作为你自己的一部分一样。在这个意义上，如同我先前建议的，我们会死这一事实是我们能在生命中找到意义的立足之本。

维特根斯坦向他的学生建议"不畏艰难"，他的意思是哲学不应该只是智力或学院追求，而应该与个人的**整个人生**相联系，这样它才能帮助一个人认识自己**真正**在想什么，而不是因为方便或流行或看上去高深或利于职场而**自以为**在想什么。我觉得维特根斯坦对生活的说法可以更广泛一些。重要的不是你生命的长度,而是你以什么态度活过这一生。以诚实正直的态度努力生活包括努力认识自己生命的有限这一本质,**过好**这有限的一生,正因为这是无法避免的我们外部命运的一部分,我们才需要为自己创建一个内心生活。

这是托尔斯泰笔下的伊凡能教给我们的最深刻教训:他生活在谎言里,因为他没有诚实地对待生命,没有真正创造出任何**他自己**的东西,正是因为这个原因他对于死亡如此害怕。做自己的个人并不是一定要做别人没有做过或不做的事情,而是要做一些能作为你自己整体存在的表现的事。如果你做到这点,如戈尔德所说,你没有打败死亡,但死亡也不能打败你。

一些后续想法

我试图在本书中针对四个不同的领域的挫折提出一些建设性的想法。在本书最后部分,我想再强调其实已经贯穿在整本书中的几个更普遍的观点。藉此,我再举出几个关于挫折的想法。

怀疑论

我觉得,如果你想理解生活中的挫折,持怀疑主义的观点或许有用。它包含了几层意思。首先,它要求你承认关于人性有很多东西你是不知道的——远远超过你知道的东西。生命深层是神秘的,而且人们之所以做他们所做的事的动机往往也隐在深处,不为一般人,包括自己所察。不要与这种神秘作战,而是寻求与它共同**生活**。试图给他人,也给你自己怀疑的好处。如果一定要作评判,也要三思后冷静而行。

怀疑也指你与你所相信的东西的关系。你可以以一种尝试性的方式持有你的观点。事实是当我们**知道**某事时，我们会对它形成某种观点，然后我们会自动采用某种立场。因此法国犹太裔哲学家齐奥朗在他的《关于衰变的简短历史》一书中说，"人类在武断上无与伦比。"（*Précis de décomposition*：88）持怀疑态度的一个优势是它有助于减少来自自身和他人的挫折。如齐奥朗所指出的，人类历史就是人类强加于自身和他人的无止境痛苦，这种痛苦来自于——或者退一步说，大多来自于有无数个人，自以为自己掌握真理并试图让别人同意自己的观点。那些确信自己知道答案的人通常热衷于将其强加于他人身上。我想在这里重申我在导言中提出的观点，人类是与自己本体不合的生物：那种自称自己知道真理的行为显然是为了掩盖那种对自身实体的不安全感，因为这样就可以看上去显得自己有着真理这一稳定性支撑——这样自己看起来就一点也不觉得不安全。如果我们真的可以和世界和谐相处，我们就不会像现实中那样体验或产生挫折感。

而且怀疑论并不是只在具有历史意义的大事件中对我们有帮助。在人际交流中，怀疑主义也能减少挫败感，因为它意味着一个人可以对接受另一个人的观点持更开放的态度。它也能帮助获得个人的内在平静，因为它鼓励一种面对异见时更轻松的承受能力。

当然，在实际生活中实行这种怀疑主义无比困难，但如果你能在内心里为它保留一席之地，哪怕只是偶尔一用或时断时续，你也能大大地降低生活中挫折的发生。

弱点

你不要与你的弱点**战斗**，相反，你应该仔细思考与分析这些弱点，寻求有意识地将它们融入自己的生活的方法。古代思想家如玛克斯·奥勒留和塞内加等建议，为了应对生活中的挫折，我们应该事先用思想实验的方式对此进行演练。关键是要认识到坏事终将在你头上发生，因为这就是生活，你必须对此进行思考，这样当它们来临时你可以更好地应对。塞内加如此写道：

> 因为你预先想到所有可能发生的（坏）事终会发生，（你）……能降低这些坏事对你的影响，对于有预见性并事先做好准备的人来说，没有什么是突然降临的厄运，但对于那些……只预

期好事的人来说，厄运的降临会带来严重的打击。("On the Tranquillity of the Mind": 130)

假想一下你可能遇到的各种挫折，问问你自己在这些情况下你会以何种建设性的方式应对。如果你这么做，你将有更大机会对此做好准备，比措手不及的情况下受到更少的伤害，因为你从一开始就已认识了自己的弱点。我还有一招，那就是想象自己身边有一位智慧、大方而又正直的人伴随左右。蒙田是我最好的选择，因为他相当平衡。当我自己觉得要生气或沮丧时，我会想象他会如何劝导我，每次我都发现这种想法能帮助自己换一个角度去感受，能让自己控制自己，保持镇静。另外，我还发现，想想自己有时候为这些小事发脾气是多么自大，尤其是在这"充满了罪恶和悲伤的"（约翰逊语）的世界之中，而我在这世界中生活，却有幸躲过了曾经发生过及正在发生的最惨痛的苦难。

愉悦

硬币的另一面是：以寻求生活中那些让你感到愉悦和安宁的事来对付挫折。塞内加建议我们散步、喝酒并向自己展示宽容——因为我们太不习惯于对自己宽容。蒙田也作过类似建议。还有尼采，他告诉我们每个早晨，我们都应该想想当天我们可以做什么让自己感到高兴的事，至少这可以帮助我们成功地应对我们可能碰到的挫折。严格地面对自我现实当然重要，但找到生活中的美好事物一样重要。蒙田在他的随笔《论闲逸》中建议，如果我们为痛苦或困难的思想所苦，我们应该放松我们的思想：

> 一些烦人的想法侵占了我，我发现与向它们屈服相比，改变想法更迅速。如果我不能用相反的想法去取代它，我至少要找到另一种不同的想法。改变永远是一种安慰，能化解原先的想法并击退它。如果我不能战胜它，我就撤退，逃离它。("De la diversion": 51)

我们也可以将此法用于他人身上。蒙田告诉我们有一次他不得不安慰一个感到沮丧的妇人。蒙田没有寻求直接否认她的苦难，告诉她那种沮丧没有理由，而是同她讲起她的感受，然后逐渐将话题引到其他事情上。他说："当我在她身边时，我成功地让她保持

自制和完全冷静。"("De la diversion": 47)

文雅

我想我们可以借用文雅这种说法来总结这些想法。因为要做到文雅，至少有一个方面是能够以讽刺但好心地对人类，包括自己的愚蠢一笑而过。塞内加提醒我们每个人都会遇到那些对人类这个族类感到痛恨或恶心的时刻，或，如 G·K·切斯特顿所说，"每个人都曾憎恶人性……每个人都曾觉得人性散发着充斥自己鼻孔令自己窒息的恶臭。"(*Heretics*: 185)塞内加的建议是当我们在这种情绪下，试图感受人类并不可憎，而是可笑。

另一种表达这个观点的方式是以罗马剧作家泰伦斯的一出剧本《自寻烦恼》中的人物克里米斯的巧妙评论来提醒自己——事实上，这是蒙田刻在自己书房横梁上的一句经典引语："我是人，我熟悉所有人性。"

两个主要观点贯穿本书始终。一是我想展示从某种方式去看，那些挫折——矛盾、误解、衰弱和消散——也同时是一些我们可以为之**感谢**的事。不经历矛盾，我们无法成人，所以在这个方面，它们是有益于我们的；如果我们真的完全理解他或她，我们就不会对他或她感受到两性间的吸引力，在这个方面，误解又是有价值的；除非我们会生病，否则我们不可能享受身体的快乐，所以我们有理由珍视我们身体的衰弱；如果我们能永生不死，就无法发现我们生命的意义，所以我们的消散，那在我们整个生命中伴随我们直到最后死亡才结束的、走向死亡的过程，并不完全是毫不被欢迎的我们生活的入侵者。休谟曾写道：

> 天底下一切好和坏都是互相纠缠并混合在一起的；幸福和不幸、智慧和愚蠢、美德和罪恶，都如此。没有什么东西是纯粹和完全单一的。所有的优点都伴随着缺陷。宇宙的补偿存在于一切情形和存在之中。我们不可能，哪怕以最奇异的愿望，来想象出某种完全是我们所期待的状态或情形。(Dialogues and Natural History of Religion: 183)

挫折无可避免。我们必须接受它，不要试图战胜它或为此一直感到遗憾。我们必须想到它也会带来好处。

本书的第二个关键观点,与第一个相关,那就是不要憎恨你在自己一生中所犯下的错误,而是接受它们,因为你所经历过的并应对过的、成功度过的或是一败涂地的挫折和你已经度过和正在度过的生活给了你了解自己以及更为广泛的人类情形的一个独特视角。你生活中的挫折已经成为你幸福的宝贵来源。你将面对更多挫折。当你碰到时,你不仅应该简单地以最具建设性的方式应对它们,接受并利用它们,更要记得它们让你了解了无法估价的事情和经历。这是你作为人类一员与生俱来的一部分——你应寻求不把它视作外来之物。

作　业

除了我在本书正文中所提到的书,和其他许多可以从中学习受益的作品之外,我还想推荐下列相关著作。

引言

皮埃尔·阿多的《作为生活方式的哲学:从苏格拉底到福柯的精神运动》(1995),本书既介绍了哲学思想,也表现了哲学反思的治疗意义。

1. 矛盾:家庭中的挫折

朱莉亚·布莱克本的《我们仨》(2008)。该书从孩子的视角提供了关于一个带有深度隔阂家庭的精辟分析。阅读体验痛苦但吸引人。

汉娜·西格尔的《梅兰妮·克莱因》(1979),是一本带有引文出处的介绍梅兰妮·克莱恩的有用之书。

小津安二郎的电影《东京物语》(1953)，对父母和孩子间关系有着残酷无情而又入木三分的分析。

2．不被理解：爱情中的挫折

西蒙·梅的《爱的历史》(2012)。本书介绍了西方传统中对于爱情的不同态度。

《爱的哲学》(1971)。本书是本非常有用的选集，收录了一些重要哲学家对于各种爱情的看法。

《爱的哲学：一个片面的总结》(2009)，欧文·辛格在这本书中详细地从哲学角度描述了爱情，可作为了解爱情哲学的起点。

黛博拉·卢普尼兹的《叔本华的豪猪：亲密关系及其困境》(2002)，本书提供了五个有趣的案例从精神分析的角度剖析了亲密关系中的困难。

C. S. 刘易斯的《四种爱》(2012)启示性地介绍了几种不同类型的爱情。他关于爱情的作用之一就是在我们的生活中扮演小丑的观点还是蛮有真知灼见的。

乔那桑·里尔的《爱与它在自然中的位置》(1998)，从精神分析的角度探讨了它的主题。

西蒙·戈德希尔的《爱、性与悲剧：古代世界如何塑造我们的生活》(2004)非常好读。它将现代社会与古代社会放在一起分析，让我们更好地了解自己的状况。

卡洛琳·丁·西蒙的《守纪律的心》(1997)，从哲学和神学的角度探讨了不同环境下的爱情，并提到了很多文学中的例子。

关于电影，我强烈推荐米开朗基罗·安东尼奥尼，作为导演，他在作品中深刻地探讨了现代社会中的两性爱情。他的《奇遇》(1960)是一部杰作。埃里克·侯麦的大多数电影也以不同方式表现了同样的主题，他的早期作品《慕德家的一夜》(1969)即使现在看也与当时一样中肯。伍迪·艾伦对现代爱情也有很多有益的作品。我的最爱是《汉娜姐妹》(1986)。

3. 衰弱：身体上的挫折

萨拉·贝克韦尔的《如何生活：蒙田一生为此作出的二十次回答》(2011)，从各个方面介绍了蒙田的哲学，包括他对死亡和疾病的态度。

迈克尔·斯克里奇的《蒙田和忧郁》(1991)，本书对蒙田的观点、背景进行了极好的介绍，充满了智慧。

桑德尔·吉尔曼的《犹太病人卡夫卡》(1995)本书对了解卡夫卡对他自己身体和疾病的态度很有帮助。

弗吉尼亚·伍尔芙的《论生病》(2002),本书是我所知道的关于疾病的最好的书。

4. 消散:濒死的挫折

赫伯特·芬格莱特的《死亡:哲学的叩问》(1997)本书包含了重要哲学家对于死亡这个话题很好的介绍短文和引文,是很有用的阅读材料。

杰弗里·斯卡里的《死亡》(2006)。本书是较好的单部头的关于死亡话题的哲学学术讨论的简明介绍。

伯纳德·威廉斯在他的《自我问题》(1976)和托马斯·内格尔在他的《人的问题》(2012)中的(部分)回答"死亡"命题,这两本书都是当代关于死亡的哲学文献中的经典。

是枝裕和的电影《身后事》(1998)对死亡进行了深刻的探讨。

图片鸣谢

本书使用了下列机构或人士的相关图片，作者和出版社谨此致谢：

第24页　走钢丝杂技演员 ©/ 尼古拉斯·伊夫利 / 盖蒂图像
第34—35页　小丑节 © 盖蒂图像
第39页　实验室测试 © 摄影 / 照片档案 / 盖蒂图像
第64页　玛丽莲·梦露和大卫·韦恩在电影《如何嫁给一个百万富翁》(1953年)中剧照 ©REX / 20世纪福克斯 / 埃弗雷特
第79页　豪猪 © 照片 / 杰罗姆·戈林 / 盖蒂图像
第98页　蒙田书房横梁上的格言 © 罗杰·维奥利 / 盖蒂图像
第118—119页　马科斯兄弟：格劳乔、泽波、奇科和哈普，《鸭子汤》(1933年) © 徕卡国际摄影 / 摄影集
第138—139页　斯沃特湖，坎布里亚郡 © 戴维·鲍耶 /《国家地理》/ 盖蒂图像
第146—147页　人与骨骼 © 复古图像 / 盖蒂图像

附录：
中英文名称对照

人名

塞缪尔·约翰逊	Samuel Johnson
柏拉图	Plato
布莱斯·帕斯卡	Blaise Pascal
尼采	Friedrich Nietzsche
海德格尔	Martin Heidegger
塞内加	Seneca
普鲁塔克	Plutarch
普鲁斯特	Proust
卡夫卡	Kafka
约翰·厄普代克	John Updike
埃米尔-奥古斯特·沙尔捷	Émile-Auguste Chartier
托尔斯泰	Tolstoy
埃德蒙·高息	Edmund Gosse
马塞尔	Marcel
M·斯万	M. Swann
弗兰西斯	Françoise
梅兰尼·克莱因	Melanie Klein
佛洛依德	Sigmund Freud
乔治·艾略特	George Eliot
赫尔曼·卡夫卡	Hermann Kafka
普里莫·莱维	Primo Levi
茱莉亚·洛维	Julie Löwy
瓦利	Valli
雨果·伯格曼	Hugo Bergmann

附录：
中英文名称对照

德罗西·洛伊	Dorothy Rowe
哈考特-赖利	Harcourt-Reilly
彼得·韦斯	Peter Weiss
弗里茨·W	Fritz W
伊塔洛·斯韦沃	Italo Svevo
加布利尔·约斯泊维齐	Gabriel Josipovici
皮埃尔·博纳尔	Pierre Bonnard
玛尔特	Marthe
里尔克	R. M. Rilke
弗兰兹·卡普斯	Franz Kappus
苏格拉底	Socrates
厄洛斯	Eros
司汤达	Stendhal
西奥多·阿多诺	Theodor Adorno
马克斯·韦伯	Max Weber
保罗	Paul
休蒂·丹波斯基	Mathilde Dembowski
让-保罗·萨特	Jean-Paul Sartre
李尔王	King Lea
英格玛·伯格曼	Ingmar Bergman
约翰	Johan
玛丽安	Marianne
彼得	Peter
伊娃	Eva
亚里士多德	Aristotle
维尔纳·赫佐格	Werner Herzog
克劳斯·金斯基	Klaus Kinski
理查德·瓦尔海姆	Richard Wollheim
拉罗什富科	La Rochefoucauld
莎士比亚	Shakespeare
阿兰·布鲁姆	Allan Bloom
安东尼	Antony
克里奥帕格拉	Cleopatra
亚瑟·叔本华	Arthur Schopenhauer
方旦努斯	Fundanus
安提哥那一世	Antigonus

第欧根尼	Diogenes
蒙田	Montaigne
德罗西·洛伊	Dorothy Rowe
安娜	Anna
沃伦斯基	Vronsky
埃尔博丁	Albertine
达斯汀·霍夫曼	Dustin Hoffman
桑多·马芮	Sándor Márai
康拉德	Konrad
莫扎特	Mozar
弗兰多	Ferrando
古格里埃莫	Guglielmo
朵拉贝拉	Dorabella
菲奥迪里奇	Fiordiligi
唐·阿方索	Don Alfonso
马基雅维利	Machiavelli
亚瑟·弗兰克	Arthur W. Frank
劳拉·伏缇	Laura Foote
马科斯·布莱彻	Max Blecher
奎因托斯	Quintonce
潘鲁克神父	Father Paneloux
苏珊·桑塔格	Susan Sontag
菲丽丝·鲍尔	Felice Bauer
托马西·迪·兰佩杜萨	Tomasi di Lampedusa
塞缪尔·约翰逊	Samuel Johnson
博斯维尔	Boswell
汉娜·阿伦特	Hannah Arendt
诺曼·卡森斯	Norman Cousins
马克斯兄弟	Marx Brothers
帕布罗·卡萨尔斯	Pablo Casals
阿尔贝特·施韦泽	Albert Schweitze
威廉·克鲁肖	William Cruikshaw
瓦尔特·杰克逊·贝特	Walter Jackson Bate
尤里乌斯·恺撒	Julius Caesar
范尼娅	Vanya
路德维希·维特根斯坦	Ludwig Wittgenstein

附录：
中英文名称对照

伊壁鸠鲁	Epicurus
卢克莱修	Lucretius
菲利普·戈尔德	Philip Gould
艾君·司登	Adrian Stern
爱丽丝·默多克	Iris Murdoch
休谟	Hume
西蒙娜·德·波伏娃	Simone de Beauvoir
伍迪·艾伦	Woody Allen
W.G.塞堡德	W. G. Sebald
威廉·黑兹利特	William Hazlitt
J.P.斯特恩	J. P. Stern
斯蒂芬·茨威格	Stefan Zweig
麦哲伦	Magellan
巴尔扎克	Balzac
卡萨诺瓦	Casanova
赫尔曼·黑塞	Hermann Hesse
齐奥朗	E. M. Cioran
玛克斯·奥勒留	Marcus Aurelius
G.K.切斯特顿	G. K. Chesterton
泰伦斯	Terence
克里米斯	Chremes
皮埃尔·阿多	Pierre Hadot
朱莉亚·布莱克本	Julia Blackburn
汉娜·西格尔	Hanna Segal
小津安二郎	Yasujiro Ozu
西蒙·梅	Simon May
艾温·辛格	Irving Singer
黛博拉·卢普尼兹	Deborah Luepnitz
C.S.刘易斯	C. S. Lewis
乔那桑·里尔	Jonathan Lear
西蒙·戈德希尔	Simon Goldhill
卡洛琳·J.西蒙	Caroline J. Simon
米开朗基罗·安东尼奥尼	Michelangelo Antonioni
埃里克·侯麦	Eric Rohmer
萨拉·贝克韦尔	Sarah Bakewell
迈克尔·斯克里奇	Michael Screech

桑德尔·吉尔曼	Sander Gilman
弗吉尼亚·伍尔芙	Virginia Woolf
赫伯特·芬格莱特	Herbert Fingarette
杰弗里·斯卡里	Geoffrey Scarre
伯纳德·威廉斯	Bernard Williams
托马斯·内格尔	Thomas Nagel
是枝裕和	Hirokazu Kore-Eda

地名

萨尔斯堡	Salzburg
奥兰	Oran
布拉格	Prague

著作、文章、电影等

《查拉图斯特如是说——一本给所有人又不给任何人看的书》	Thus Spoke Zarathustra 'a book for everyone and no one'
《关于幸福的思考》	Thoughts on Happiness
《安娜·卡列尼娜》	Anna Karenina
《父与子》	Father and Son
《追忆似水年华》	In Search of Lost Time
《家庭罗曼史》	Family Romance
《给父亲的信》	Letter to my Father
《告别》	Leavetaking
《芝诺的告白》	Zeno's Conscience
《逆光》	Contre-Jour
《致一位青年诗人的信》	Letters to a Young Poet
《星际迷航》	Star Trek
《论爱情》	Love
《哥多林书》	Corinthians
《婚姻生活》	Scenes from a Marriage
《我最好的朋友》	Mein liebster Feind
《格言》	Maxims
《安东尼和克里奥帕格拉》	Antony and Cleopatra
《人性的,太人性的》	Human, all too Human
《沙漠孤岛》	Desert Island Discs

附录：
中英文名称对照

《余烬》	Embers
《女人心》	Così fan tutte
《随笔》	Essays
《受伤者自述》	The Wounded Storyteller
《伤痕累累的心》	Scarred Hearts
《鼠疫》	The Plague
《疾病的隐喻》	Illness as Metaphor
《豹》	The Leopard
《疾病分析》	Anatomy of an Illness
《伊凡·伊里奇之死》	The Death of Ivan Ilyich
《我将死去》	When I Die
《利益的主权》	The Sovereignty of Good
《元素周期表》	The Periodic Table
《借哲学来学习如何死亡》	To philosophize is to learn how to die
《这是不是个人》	If This is a Man
《非常轻松的死亡》	A Very Easy Death
《论对死亡的恐惧》	On the Fear of Death
《盖特露德》	Gertrude
《关于衰变的简短历史》	A Short History of Decay
《论闲逸》	On diversion
《自寻烦恼》	The Self-Tormentor
《作为生活方式的哲学：从苏格拉底到福柯的精神运动》	Philosophy as a Way of Life: Spiritual Exercises from Socrates to Foucault
《我们仨》	The Three of Us
《梅兰妮·克莱因》	Melanie Klein
《东京物语》	Tokyo Story
《爱的历史》	Love: a History
《爱的哲学》	Philosophies of Love
《叔本华的豪猪》	Schopenhauer's Porcupines
《四种爱》	The Four Loves
《爱与它在自然中的位置》	Love and its Place in Nature
《爱、性与悲剧》	Love, Sex and Tragedy
《守纪律的心》	The Disciplined Heart
《奇遇》	L'Avventura
《慕德家的一夜》	Ma nuit chez Maud
《汉娜姐妹》	Hannah and her Sisters

《如何生活：蒙田一生为此作出的二十次回答》	*How to Live: a Life of Montaigne in One Question and Twenty Attempts at an Answer*
《蒙田和忧郁》	*Montaigne and Melancholy*
《论生病》	*On Being Ill*
《犹太病人卡夫卡》	*Franz Kafka, the Jewish Patient*
《死亡：哲学的叩问》	*Death: Philosophical Soundings*
《自我问题》	*Problems of the Self*
《人的问题》	*Mortal Questions*
《身后事》	*After Life*

Notes

Notes

Notes